化学
系列科普

原来这就是物质

迈进科学的大门
拥抱有趣的世界

CH_3

CH_3 CH_3

NH_3

Fe_2O_3

CO_2

【韩】张洪齐（著）
【韩】方相皓（绘）
侯晓丹 杨柳（译）

华东理工大学出版社
EAST CHINA UNIVERSITY OF SCIENCE AND TECHNOLOGY PRESS

· 上海 ·

图书在版编目（CIP）数据

原来这就是物质 /（韩）张洪齐著；（韩）方相皓绘；
侯晓丹，杨柳译. —上海：华东理工大学出版社，
2023.1
ISBN 978-7-5628-6941-2

Ⅰ.①原… Ⅱ.①张… ②方… ③侯… ④杨… Ⅲ.
①物质－青少年读物 Ⅳ.①O4-49

中国版本图书馆CIP数据核字（2022）第176465号

著作权合同登记号：09-2022-0673

물질 쫌 아는 10 대
Text Copyright ⓒ 2019 by Jang Hongje
Illustrator Copyright ⓒ 2019 by Bang Sangho
Simplified Chinese translation copyright ⓒ 2023 by East China University of
Science and Technology Press Co., Ltd.
This Simplified Chinese translation copyright arranged with PULBIT
PUBLISHING COMPANY through Carrot Korea Agency, Seoul, KOREA
All rights reserved.

策划编辑 /	曾文丽	
责任编辑 /	祝宇轩	
责任校对 /	石　曼	
装帧设计 /	居慧娜	
出版发行 /	华东理工大学出版社有限公司	
	地址：上海市梅陇路 130 号，200237	
	电话：021 - 64250306	
	网址：www.ecustpress.cn	
	邮箱：zongbianban@ecustpress.cn	
印　　刷 /	上海四维数字图文有限公司	
开　　本 /	890 mm × 1240 mm　1/32	
印　　张 /	4.875	
字　　数 /	72 千字	
版　　次 /	2023 年 1 月第 1 版	
印　　次 /	2023 年 1 月第 1 次	
定　　价 /	39.80 元	

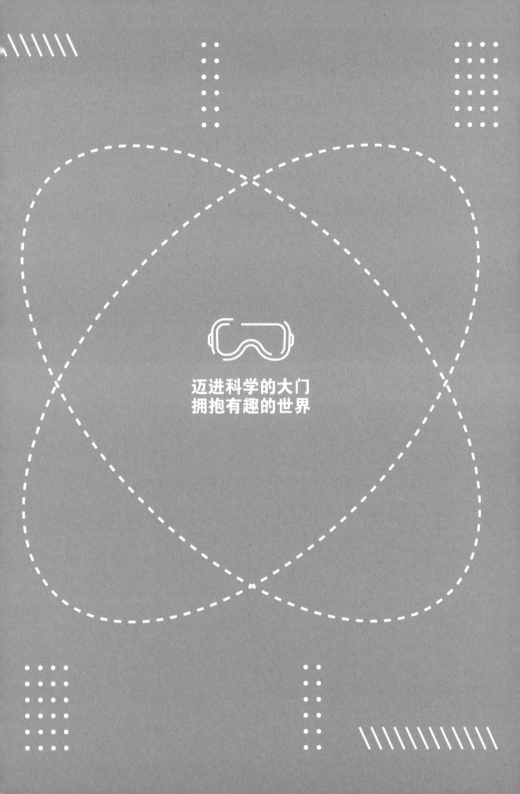

迈进科学的大门
拥抱有趣的世界

前言 物质的奥秘

　　物质是什么？翻开词典，我们能得到很多不同的定义，这些定义有的很笼统，有的比较具体。有的将物质抽象地解释为"物体的本质"；有的则从科学的角度出发，将其解释为"自然界中，具有一定质量和体积的构成要素"；有的则从哲学的角度出发，认为"物质是决定意识的客观存在，它具有时间和空间两种存在形式，具有运动的属性"。

　　可以说，物质是世间万物的总称。它既包括我们得以立身的土地，也包括天空中的云朵和星星。有些物质在人类诞生时就已经存在，比如木头、石头、铁、空气等。还有不计其数的新物质，是人类利用科学技术创造出来的，比如洗发水和塑料等。

我们为什么要探索物质的奥秘呢？因为我们身边的一切都由物质构成，只有了解物质，我们才能在生活中趋利避害。另外，了解物质还可以满足我们的好奇心。

物质是什么时候产生的？在哪里产生的？人类又是如何利用它们的？举个简单的例子，水是我们身体的重要组成部分，也是我们最为熟悉的物质。可是，我们对水也会产生无数的疑问。比如，为什么在低温条件下，水会变成坚硬的冰呢？满满的一杯水，为什么会不知不觉地消失呢？

古往今来，很多哲学家和科学家都致力于探索这些物质和与之相关的现象，他们也提出了很多假说。例如，为了解释物质的构成，古希腊哲学家恩培多克勒（Empedocles）综合了前人的看法，提出了"四元素说"，柏拉图（Plato）和亚里士多德（Aristoteles）也非常支持这一学说。"四元素说"认为，世界由水、火、土、气这四种元素构成。在科技高速发展的今天，这一学说或许显得漏洞百出。但在当时没有任何实验装置，仅仅依靠观察和逻辑推理的情况下，能提出这一学说，也是非常不容易的。此后，科学家们前赴后继，英国化学家道尔顿（Dalton）提出了具有划时代意义的"原子论"；还有一些无名可查的炼金术士，他们虽然屡屡失败甚至遭人非议，但是也为科学的发展做出了巨大贡献。正是由于他们的执着和努力，我们现在才能了解到关于物质的更多内容。

提到原子，我们不禁要问："那小小的原子源自哪里呢？"对于这个问题，我们认为"宇宙大爆炸"假说最有说服力。该假说认为，在宇宙中曾发生过大爆炸。爆炸产生了能量，能量转化为质量，从而产生了微小的原子。

关于物质起源的探索，除了"宇宙大爆炸"假说，还有我们提到过的"四元素说"。虽然现在看来，"四元素说"是不科学的，但这一学说曾经统治了西方世界约2 000年之久。那么，当"四元素说"被推翻时，支持这一学说的人们会是什么心情呢？ 他们也许完全不能相信，也不愿意相信这一事实。就像现在，我们认为

"宇宙大爆炸"假说最具说服力，但或许未来某一天，这一假说也会像"四元素说"一样被推翻。到那时，人们会不会也只是把"宇宙大爆炸"假说当作一个浪漫的幻想呢？我们没办法预测未来，但可以肯定的是：只有一代代人不断地怀疑"真相"，前赴后继地努力探索，科学才会持续发展下去。

现在就让我们一起来探索物质的奥秘吧！首先，我们将从微观的角度出发，解开有关物质的一些谜团。比如，物质是如何产生的？构成物质的最小单位是什么？然后，我们将进一步了解物质的各种形态变化，探究新物质产生的过程。接着，我们会从宏观的角度出发，了解物质秩序的变化。当我们分别从微观和宏观的角度加深了对物质的了解以后，我们或许会对身边很多常见的物质产生全新的认识。

目录

1

物质的产生

我们在看书或者看新闻时，经常会遇到"物质"这个词。不同的物质会令我们产生不同的情绪。当看到"新物质""半导体物质""药效物质"等词时，我们会感到好奇；而看到"致癌物质"和"有害化学物质"等词时，我们会感到恐惧。也许正因为这些词很常见，所以我们对此并不会深究。

那么，这些词语所代表的究竟是什么，它们又是从哪里来的呢？想要解答这些疑惑，我们就要从各个角度去了解物质。首先，我们要认识到，世间万物都是由物质构成的。物质不仅构成了我们赖以生存的地球，而且构成了地球所在的太阳系乃至银河系，还构成了包罗万象、广阔无垠的宇宙。知道这些后，我们不禁想问："所有这些物质是如何产生的呢？"科学家们认为，这些物质是由"宇宙大爆炸"产生的。虽然"宇宙大爆炸"假说目前还处于理论阶段，并没有被完全证实，但是这一假说已经是迄今为止最具说服力的理论了。所以，我们对物质的探索，也要从"宇宙大爆炸"开始。

"宇宙大爆炸"的产物——物质和能量

"宇宙大爆炸"假说认为，大约在遥远的138亿年前，宇宙中曾发生了一次大爆炸，所有的物质都在此次大爆炸中产生，而后不断发展和变化。我们人类最早的祖先——南方古猿是在"宇宙大爆炸"之后，经过了漫长的岁月，直到距今约500万年前才出现的。"宇宙大爆炸"离我们那么遥远，我们该怎样详细地了解它呢？或许，我们可以通过普通物体的爆炸过程，推测出"宇宙大爆炸"的过程。想象一下，如果我们引爆火药或炸弹，就会听见"砰"的一声，然后周围升起刺鼻的烟雾，出现四处迸溅的火花和迅速弥漫的热浪。因此，宇宙中发生大爆炸时，周围一定也会产生一些东西。为了认识和了解这些东西，我们创造出了时间和空间的概念。

那在时间和空间出现之前，宇宙中有什么呢？答案是"什么都没有"。这跟我们在日常生活中感受到的"空着"或"无法感知"的状态不同，是真正的"什么都没有"。这么说可能有些抽象，但我们可以试着想象

膨胀
夸克形态

最初的粒子
中子、质子、
暗物质形态

最初的原子核
氦、氢形态

最初的光
最初的原子形态

黑暗时代
中性气体

| 10^{-32}秒 | 0.000 1秒 | 0.01～200秒 | 1万年 | 38万年 |

时间

空间

宇宙有一个
西柚那么大

占现在宇宙体积
的千亿分之一

占现在宇宙体积
的十亿分之一

占现在宇宙体积
的万分之一

占现在宇宙体积
的千分之一

一下：我们走进一个空空如也、漆黑一片的房间，看不
到任何东西，即使努力地挥舞手臂，也无法触碰到任何
事物。这就是大爆炸前的宇宙吗？并不是，因为即使看
不见，我们还可以挥舞手臂，那就证明这里存在三维的

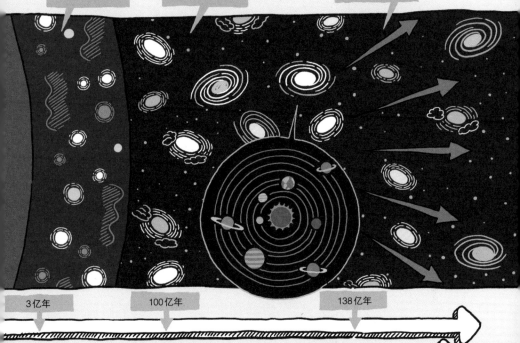

引力作用
恒星与星系

反引力作用
宇宙加速膨胀

现在
宇宙持续膨胀中

3亿年

100亿年

138亿年

占现在宇宙体积
的十分之一

占现在宇宙体积
的百分之七十七

现在宇宙的
体积

空间。并且，即使我们只是安静地站着，我们也能知道
时间在不断流逝。在大爆炸之前，宇宙中可是连时间和空
间都不存在的。当时的宇宙处于我们无法认知的状态，所
以，我们认为当时的宇宙"什么都没有"。

除了时间和空间，"宇宙大爆炸"还产生了什么呢？普通的爆炸会产生烟雾，"宇宙大爆炸"会不会产生物质呢？这些物质又会产生星系和恒星吗？实际上，"宇宙大爆炸"最初产生的是**能量**。提到能量，大部分人会想到光和热。

光和热这两种能量是看不见、摸不着的。它们为何被看作"物体的本质"呢？为了更好地回答这一问题，我们应该从"物质是由什么构成的，又能转化成什么"的视角来看待物质，而不应该把物质仅仅看作人们看得见、摸得着、硬或软的某样东西。爱因斯坦（Albert Einstein）在"狭义相对论"中提出了质能方程：$E=mc^2$，即能量（E）等于质量（m）乘以光速（c）的平方。这是世上最有名的公式之一，它帮助我们解开了上述疑惑。我们很容易找到这个公式在现实中的应用，核裂变现象是其中最具代表性的，利用此现象，人类创造出了世界上最可怕的武器——原子弹。除此之外，核聚变现象也适用于这一公式。正是因为核聚变现象，太阳才会发光、发热。

这些现象会使物质发生分裂（核裂变现象）或聚集

（核聚变现象），从而在一定程度上消耗物质的质量。消耗的质量乘以光速的平方，等于释放出的能量。比如，消耗1克（0.001千克）质量，将制造出90 000 000 000 000焦耳（J，能量单位）的能量。即使是很小的质量，也可以转化为巨大的能量。让我们一起来整理一下这个公式吧！

$$E = mc^2$$

$$90\,000\,000\,000\,000\,(\text{J}) = 0.001\,(\text{kg}) \times \left[\,300\,000\,000\,(\text{m/s})\,\right]^2$$

- 能量（E）单位：焦耳（J）
- 质量（m）单位：千克（kg）
- 光速（c）= 300 000 000 米/秒（m/s）

消耗1克质量产生的能量，相当于引爆21 500吨"炸药之王"——TNT炸药产生的能量。而且，一切有质量的物质，都具有如此可怕的能量，帮助物质将这股能量释放出来的，正是核聚变和核裂变现象。这就意味着物质和能量是可以相互转化的。所以，我们也可以说"物质就是能量"。

现在，对于"宇宙大爆炸产生的能量是怎样转化为物质的"这一问题，我们应该能做出回答了吧！威力无穷的"宇宙大爆炸"释放出了巨大的能量，这些能量转化为质量，从而形成了小而轻的物质。目前世界上最轻的气体——氢气，就是这样产生的。

物质的种类数不胜数。我们只要环顾四周，便会发现铁、塑料、木头、水、空气等各种物质。我们不禁好奇："最初产生的结构单一、含量较少的氢，是怎样变成如今这么多物质的呢?"想要解答这一问题，探究与宇宙一起产生的物质，我们就要先仔细研究身边的物质。

物质的构成

我们生活中常常会用到的铅笔芯是一种轻巧、纤细、易折的物质。在我们眼里，它就像一条线，只有长度。但在小蚂蚁眼里，它就变成了一个足够宽广的三维空间，足以让蚂蚁绕着表面转一大圈。由此看来，我们所认识和感受到的世界和物质，其实都是以人为标准定义的。因此，如果我们不以人为标准，而是从更细微、更精确的角度去观察物质，我们就可以发现更多隐藏的信息和秘密。

还是以铅笔芯为例，不管是自动铅笔芯还是普通铅笔芯，都是由一种叫作石墨的物质制成的，而石墨则是由非常微小的"碳颗粒"构成的。换句话说，小而圆的"碳颗粒"相互连接形成了石墨。我们把组成铅笔芯的一个个微小的"碳颗粒"称为碳原子，把这一类碳原子总称为碳元素。

原子（atom）这一名称源于希腊语atomos，意为"无法再分"。它之所以叫"原子"，是因为它非常小，是构成物质的基本单位，即使发生化学反应也无法被切割或再分。突然提到化学反应，我们难免会一头雾水。没关系，我们可以从简单的角度来理解。化学反应就是物质与物质相互作用或物质自身发生分解，生成新物质的过程。比如，用剪刀把纸割成两半是物理变化，纸燃烧化为灰烬就是化学反应。化学反应的相关内容，我们还会在第7章详细地介绍。

关于原子的再分问题，古往今来的科学家们持有不同的见解。公元前5世纪，大名鼎鼎的古希腊哲学家德谟克利特（Democritos）提出，原子是一种不可分割的物质微粒。但在科学技术已经非常发达的今天，科学家们发现，其实原子也是可以再分的。

原子跟桃子、李子等水果很像，它的中间是坚硬的"果核"，它对原子的质量起着决定性作用，周围是比较松软的"果肉"。我们把原子中间的"果核"叫作**原子核**，它又由质子和中子两部分构成；把原子核周围的"果肉"叫作**电子**。电子能产生电流和压力，像云一样包裹着原子核。由此可知，物质是由原子构成的，原子则是由质子、中子和电子构成的。此外，因为质子、中子、电子是构成一个原子的不同要素，所以我们可以把它们统称为**粒子**。我们要注意区分这些概念，不要混淆。

所有的质子都是同一种粒子，质子与质子之间的性质没有任何差别。中子、电子也是一样。但有趣的是，当组成原子的粒子数发生变化时，原子的种类、质量、特性也都会随之改变。也就是说，仅仅改变粒子个数，便会构成不同的原子。比如，只有1个质子和1个电子结合时，会形成氢原子；当2个质子、2个中子和2个电子结合时，则会形成氦原子；如果是6个质子、6个中子和6个电子结合，那就会形成碳原子。"宇宙大爆炸"发生后，出现了无数的粒子，之后这些粒子不断结合，构成了现在这无数的物质。这是不是很像用小积木搭建大作品呢？肉眼看不到的粒子聚集在一起形成了物质，最终构成了这大千世界，是不是很神奇呢？

自宇宙诞生时起，组建这个世界的粒子，主要有三种，它们分别是质子、中子、电子。当然，除了这三

种粒子，宇宙中还有很多和它们一起被统称为"**微观粒子**"的物质。构成这些微观粒子的，则是夸克、轻子等更小的物质，不过，因为它们和我们能够感知的物质不是直接相关的，所以我们在此不做介绍，还是先了解质子、中子、电子这三种粒子吧。

为了探究物质的构成，我们对物质进行了一层层的分解。那么，我们该怎样将被分解的物质重新"组装"回去呢？为了回答这一问题，我们需要重新提起"宇宙大爆炸"。

"宇宙大爆炸"后的 10^{-32} 至 10^{-4} 秒内，宇宙间就产生了物质，从而就有了"密度"这个概念。之后，粒子相互结合形成了氢（我们能够利用的最简单的物质），也形成了质量约是氢两倍的氦。这一过程便是宇宙的开端，物质也在此过程中产生了。

物质的分类

我们已经探索了宇宙的开端，了解了物质的产生过程，也认识了氢和氦这两种物质。但是，除了氢和氦，世界上还有很多其他物质。我们不禁好奇，这些物质都是什么？它们又是如何产生的？为了回答这些问题，我们要从化学的角度对物质进行分类。

我们可以把物质分为**纯净物**（pure substance）和**混合物**（mixture）。纯净物只由一种物质组成，且每种纯净物都有自己固有的性质，这种性质与纯净物在哪里产生无关。举个例子，氧气是我们呼吸必需的纯净物，这种特性与氧气在哪里产生无关，不管是本国的氧气，还是外国的氧气，对我们来说都是同样的物质。与纯净物不同，混合物是由两种及两种以上的物质组成的。组成混合物的物质间虽然不会发生化学反应，却会存在种类和数量的差异，这也就导致同种混合物的性质也会有所不同。比如，海水是一种混合物，它是由水、盐及其他多种物质混合形成的。但同样是海水，不同国家临海的海水，在密度、构成成分等方面都会存在差异。

说完了纯净物和混合物的含义，我们来了解一下纯净物的分类吧！我们可以把纯净物分为**单质**（pure element）和**化合物**（compound）。单质是由同一种元素

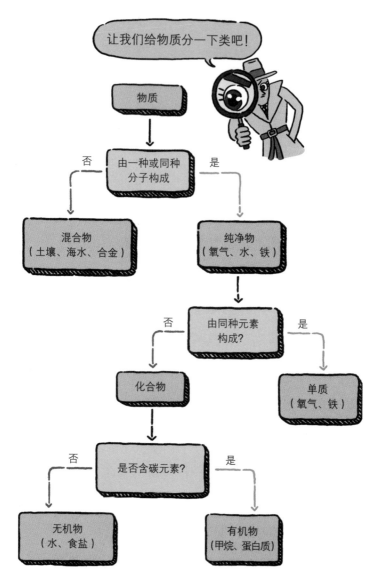

让我们给物质分一下类吧!

物质

否 ← 由一种或同种分子构成 → 是

混合物
（土壤、海水、合金）

纯净物
（氧气、水、铁）

否 ← 由同种元素构成? → 是

化合物

单质
（氧气、铁）

否 ← 是否含碳元素? → 是

无机物
（水、食盐）

有机物
（甲烷、蛋白质）

*是否含碳元素只能大概区分有机物和无机物，具体内容见本书16页。

组成的纯净物。那么元素又是什么呢？在提到宇宙的产生时，我们曾简单介绍过元素。元素是具有相同的核电荷数（核内质子数）的一类原子的总称，氢、碳、氧等物质都属于元素。目前，我们已经在地球上发现了118种元素。但科学家们并没有就此止步，即使在此刻，他们也在努力地寻找新的元素。对此，我们不禁感到困惑，如果现存的元素只有118种的话，为什么我们身边会有无数的金属和人造物质呢？这是因为除了单质，我们身边还有很多化合物，这些化合物是由多种元素组成的。

所谓化合物，它是由两种及两种以上的元素组成的纯净物。比如，人类生存必需的水和呼吸产生的二氧化碳等都是化合物。化合物之所以被归类为纯净物，是因为它具备纯净物的特点。这一特点是指，纯净物本身的物理和化学特性，与其组成元素的特性是完全不同的。举个简单的例子，水（H_2O）是一种化合物，它是由氢元素和氧元素组成的，氢和氧本身性质活泼，但它们组成的水却是一种非常安全的纯净物，它不会爆炸、不助燃，反而被用来灭火。

除了水，世界上还有很多化合物。化合物的种类为什么会这么多呢？这是因为，当组成化合物的元素发生种类、数量、顺序的变化时，化合物的种类也会随之改变。元素的组合有无数的可能性，所以化合物的种类也就数不胜数了。

通常情况下，化合物可以根据其是否含有碳元素分成有机化合物和无机化合物。有机化合物简称有机物，是指含碳元素的化合物，但不包括碳的氧化物、碳酸、碳酸盐、氰化物、硫氰化物等物质；无机化合物简称无机物，通常是指不含碳元素的化合物。上面提到的碳的氧化物、碳酸、碳酸盐、氰化物、硫氰化物等物质具有无机化合物的特点，因此把它们看作无机物。有机物中最主要的成分是碳元素，一般情况下有机物都含有碳、氢、氧三种元素，很多有机物中也存在氮、磷等元素。最简单的有机物是甲烷（CH_4）。

前面提到过，宇宙产生时形成了氢和氦这两种元素。而现在，我们已经发现了118种元素。那么除了氢和氦这两种元素，其他元素是如何形成的？这些元素又是怎样构建起这大千世界的呢？

元素的形成

我们在了解物质的质量与能量的关系时，曾提到过核聚变反应。元素的形成会不会也和核聚变反应有关呢？实际上，现在地球上存在的元素，大部分都是通过核聚变反应形成的。当核聚变反应发生时，原子核会融合，从而形成新的物质。不过，核聚变反应的发生也是需要特定条件的。据了解，在我们周围，太阳是唯一能够自然发生核聚变反应的地方。这是因为太阳热量足够高，满足核聚变反应的条件，氢原子得以在此发生核聚变。核聚变反应发生时，一般会发出热量和光芒。

前文提到，氢原子是由1个质子和1个电子构成的。换句话说，在宇宙中，只要是由1个质子和1个电子构成的原子，就是氢原子。由此可知，当宇宙中有2个氢原子时，我们就可以获得2个质子和2个电子。那么我们该怎样让原子内的质子和电子分离呢？科学家们发现，在高温的作用下，氢原子中的电子会率先脱离。当电子脱离后，氢原子内便只剩下了像果核一样坚硬的原子核。失去电子的原子核会发生激烈的碰撞，然后融合在一起，形成具有2个质子的新物质——氦。

我们刚刚提到，核聚变反应的发生需要特定的条件。通常情况下，只有温度高达1亿摄氏度以上，核聚变反应才可能发生。而能够满足这一条件的，除了现在的太阳，还有发生大爆炸后的宇宙。众所周知，"宇宙大爆炸"释放出了巨大的能量，爆炸后短时间内，宇宙一直处在极高温状态。而在温度降到1亿度以下前，宇宙中会持续发生核聚变反应。正是在此过程中，氢、氦、锂等元素产生。之后，恒星开始形成。因为自身引力巨大，恒星的内核温度急剧升高，氢、氦等元素可以一路发生核聚变反应，只要恒星的质量足够大，核聚变反应就可以一直到铁元素。（有关此知识点的更详细内容，可参见本系列的另一册图书《原来这就是引力》。）那么，质量比铁还大的元素，又是如何产生的呢？据我们所知，那些元素应该是在超新星（supernova）爆发中经历了同样的核聚变过程后产生的。超新星是指存在于宇宙中的巨大、炽热的恒星。那些质量比铁还大的元素，除了可以在超新星爆发中产生，也可能在质量极高的中子星互相碰撞时产生。宇宙中的核聚变反应和中子星碰撞事件不断发生，元素的种类便随之增多，直至现在形成了我们周围这众多的元素。

目前为止，我们已经简单地了解了宇宙的诞生、物质的产生和分类。实际上，与这一部分相关的内容远比我们目前了解的要复杂、烦琐得多。我们仅仅是进行了初步的探索，就已经了解了如此多的宇宙知识。现在的科学已经发展到可以对物质进行观察、分析和判断的程度了。如果仅凭思考，我们是很难解答许多有关物质的疑问的。比如，118种元素分布在地球上的什么地方呢？这些元素是以什么状态存在的呢？我们能用它们做些什么呢？

除了这些疑问，我们还有一些问题需要解答。比如，物质是如何相互联系、相互转化的？物质的联系和转化存在着什么规律？公元前5世纪，人们第一次提出元素和原子的概念。当时的人们对元素了解多少呢？他们又是如何区分那么多元素的？下一章，让我们回到遥远的过去，尽情享受物质探索带给我们的乐趣吧！

2

走进化学的世界

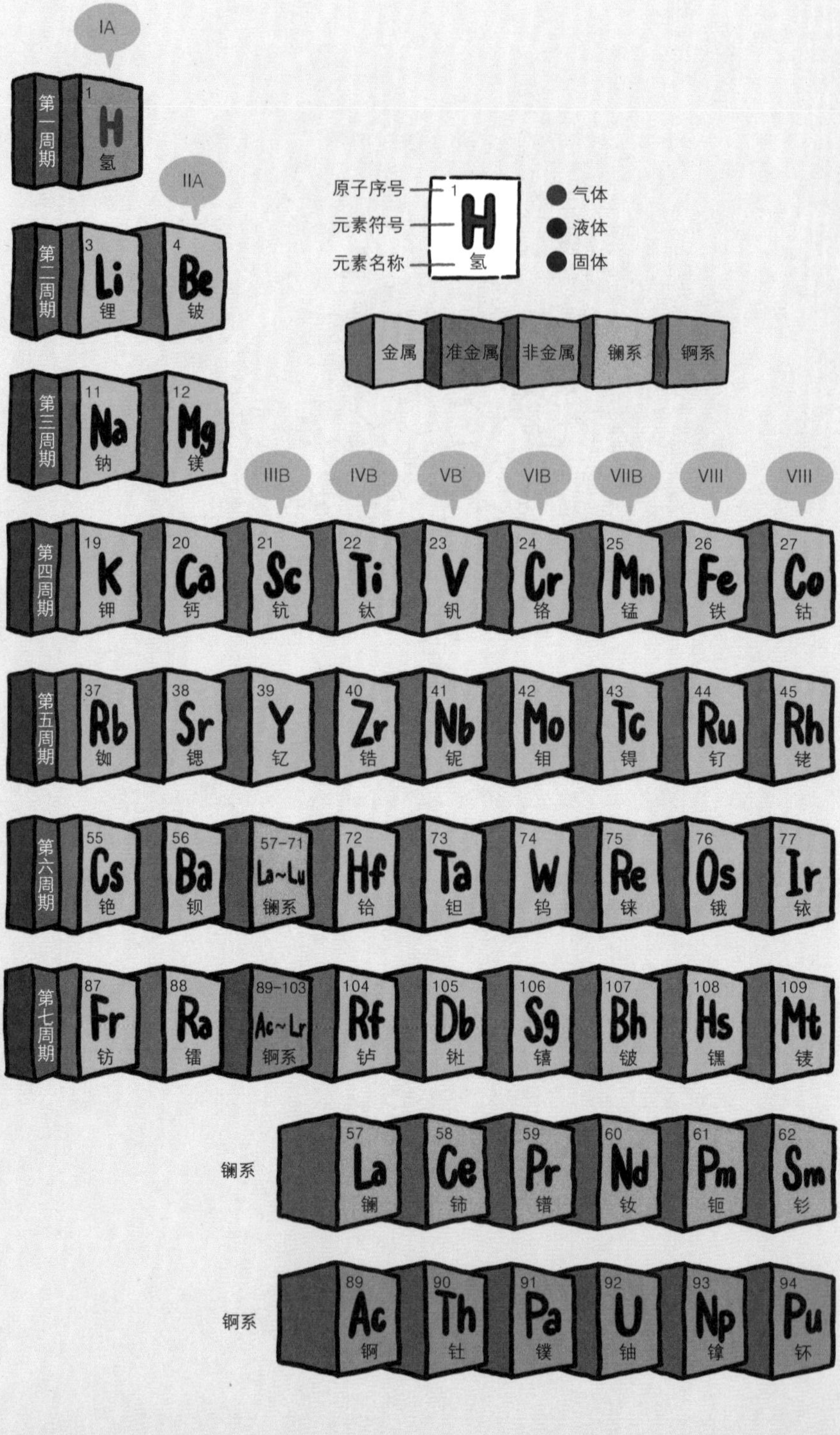

IA
第一周期
1 H 氢
IIA
原子序号
元素符号
元素名称
1 H 氢
气体
液体
固体
第二周期
3 Li 锂
4 Be 铍
金属
准金属
非金属
镧系
锕系
第三周期
11 Na 钠
12 Mg 镁
IIIB
IVB
VB
VIB
VIIB
VIII
VIII
第四周期
19 K 钾
20 Ca 钙
21 Sc 钪
22 Ti 钛
23 V 钒
24 Cr 铬
25 Mn 锰
26 Fe 铁
27 Co 钴
第五周期
37 Rb 铷
38 Sr 锶
39 Y 钇
40 Zr 锆
41 Nb 铌
42 Mo 钼
43 Tc 锝
44 Ru 钌
45 Rh 铑
第六周期
55 Cs 铯
56 Ba 钡
57–71 La~Lu 镧系
72 Hf 铪
73 Ta 钽
74 W 钨
75 Re 铼
76 Os 锇
77 Ir 铱
第七周期
87 Fr 钫
88 Ra 镭
89–103 Ac~Lr 锕系
104 Rf 𬬻
105 Db 𬭊
106 Sg 𬭳
107 Bh 𬭛
108 Hs 𬭶
109 Mt 鿏
镧系
57 La 镧
58 Ce 铈
59 Pr 镨
60 Nd 钕
61 Pm 钷
62 Sm 钐
锕系
89 Ac 锕
90 Th 钍
91 Pa 镤
92 U 铀
93 Np 镎
94 Pu 钚

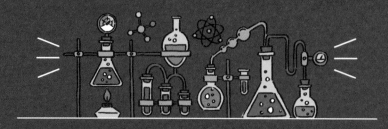

　　在上一章的内容中，我们已经了解了宇宙的诞生、物质的产生以及组成物质的基本要素——元素的形成过程，并且得知元素多达118种。现在，我们不禁要问："我们该如何把这么多元素整理到一起呢？"为了解决这一问题，科学家们绘制了元素周期表。表里的每一个格子都代表一种元素，借助元素周期表，我们很快就可以锁定自己想找的元素。然后，让我们再来思考一些别的问题吧。比如，化学学科是谁创立的？化学经历了怎样的发展过程？研究微观世界会给人类文明带来哪些影响？为了回答这些问题，我们需要从多个角度进行思考。

元素与原子

　　元素与原子是两个非常容易混淆的概念，我们很难马上说出它们的差异。没关系，接下来我们会尽量简单明了地解释它们的区别。首先，我们回顾一下物质的构成。当时，我们曾提到过"原子"这一概念。原子是质子、中子、电子聚集在一起形成的。原子非常小，是一种基本粒子单位。只要明确了这一点，我们就可以继续对原子和元素进行探索了。

　　关于原子的定义，是不是还有一些令人好奇的地方呢？我们曾经说过，"原子"这一名称来源于希腊语，意思是"无法再分"。但是我们现在又说，原子可以再分为中子、质子和电子，这难道不是自相矛盾吗？所以，为了解决这一矛盾，我们需要对原子的定义稍做修改。我们不应该将原子简单地定义为"无法再分的粒子"，而是应将其定义为"化学反应中不可再分的基本微粒"。所以，当再遇到原子时，我们将原子看作"化学反应中不可再分的粒子"就可以了。

明确了原子的定义，我们就要回到之前提出的疑问了：元素与原子有什么不同呢？元素与原子的区别就在于，我们可以通过构成原子的粒子来区别原子的种类，但不可以用粒子来区别元素。要理解这一点，我们首先要知道元素究竟是什么。元素是指具有相同质子数的同一类原子的总称，代表着原子的种类。是不是还有些难以理解？没关系，我们可以通过举例分析来帮助理解。比如，水（H_2O）是一种化合物，如果从原子的角度来看，我们可以说"水分子是由1个氧原子和2个氢原子构成的"。但是，如果从元素的角度来看，我们就应该这样来形容水分子："水分子是由氧元素与氢元素组成的。"现在我们应该知道，元素这一概念并不是用来区分数量的，它代表的是种类。所以，当我们形容元素时，我们不可以用"一个元素""两个元素"这种数量表达，而是应该用"一种元素""两种元素"来表达。

至此，我们应该已经对原子和元素有了初步的了解。现在开始，我们将解答更多关于元素和原子的疑问。比如，既然原子无法用肉眼观测，那过去的科学家

们是怎么发现原子的呢？元素代表原子的种类，那元素
又有多少种呢？元素是怎样被发现的呢？接下来，我们
将一一揭晓这些问题的答案。

"元素说"与"原子说"

提到原子，我们不可避免地会想到"原子说"。我们可以把"原子说"看作一个概念或一种假说。它是最早的从理论角度对原子进行定义的学说。但"原子说"刚问世时，并没有明确说明原子与元素的区别。这是因为当时的科学技术并不发达，不足以发现原子与元素的差异。为了更好地区分这两种概念，我们需要先了解一下"元素说"。

"元素说"的故事，最早可以追溯到公元前600年左右。当时，古希腊有一位哲学家泰勒斯（Thales），他为了更好地理解自然现象，假设物质内有粒子存在。这一假设引起了科学家们的兴趣，此后的200多年时间里，他们进行了反复的实验和讨论。最终，哲学家恩培多克勒的出现，使元素说得到进一步发展。恩培多克勒认为，世界上各种各样的自然现象以及能被观察到的一切事物，都是由四个部分组成的。后来，他将这一观点进行了整理，提出了"四元素说"。那么，"四元素说"

里的四个元素分别是什么呢？

前文提到，"四元素说"的提出是为了解释自然现象。所以，我们可以反过来通过分析自然现象来理解这一学说。以人类自身为例，我们所拥有的感觉可以分为四类，分别是热、冷、湿、干。"四元素说"认为，使我们产生这四种感觉的，正是火、水、气、土这四种元素。由此可知，火、水、气、土这四种元素就是"四元素说"的"主角"。了解这些后，我们可以思考一个问题，"四元素说"真的具有说服力吗？

或许，生活在现代的我们会对这一学说持否定态度。但在过去，这一学说曾得到无数学者们的支持，其中，大名鼎鼎的古希腊哲学家柏拉图和他的弟子亚里士多德，便是这些支持者中的核心人物。此后，"四元素说"不断得到支持并广泛传播。

人们对物质的探索一旦开始，便不会轻易停止。所以，在"元素说"之后，"原子说"这一更具说服力的学说问世了。那么，"原子说"是由谁建立的呢？这位建立了"原子说"，创造了历史的伟大学者，便是古希腊优秀的自然哲学家——德谟克利特。而且，我们要知

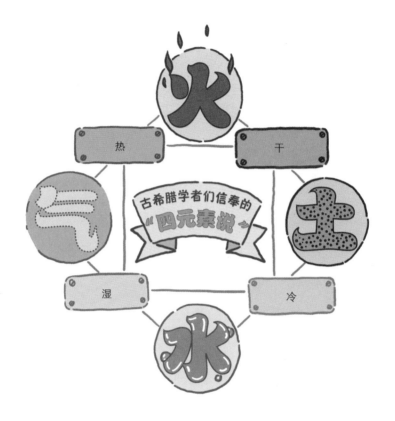

道，德谟克利特提出"原子"这一概念的时候，正是"四元素说"盛行的时期。他认为，物质是由一种肉眼看不到的粒子构成的，而这种粒子是"不可再分"的，"原子说"由此诞生。德谟克利特的"原子说"有以下五个命题：

1. 所有的物质都是由一种被称为原子的粒子构成的。
2. 原子是不可分割的。
3. 每个原子都是坚固的、毫无空隙的、用肉眼观测不到的。
4. 原子的性质是相同的。
5. 原子之间在体积、形状、位置、排列等方面存在差异。

　　仅凭想象，德谟克利特便能对原子进行如此具体、合理的描述，是不是令人难以置信？更惊人的是，这些想象大部分都在我们将要介绍的近现代原子学说中得到了证实。不过，这些想法虽然伟大，却经过了很长时间才得到认可。这是因为，虽然德谟克利特的"原子说"在逻辑上说得通，但当时的科学技术并不发达，无法彻底验证这一学说的真实性。所以，直到1803年英国化学家道尔顿创立了"原子论"，德谟克利特关于原子的猜想才被证实。

　　那么，道尔顿的"原子论"与现在的原子学说有什么区别呢？接下来，我们就将围绕这一问题展开探索。

道尔顿的"原子论"有以下四大命题：

1. 所有物质都由不可再分的粒子构成，这种粒子叫作原子。
2. 同一种原子的体积、形状、质量都是相同的。
3. 原子在化学反应中只改变排列顺序，不会再生或消失，不会转变为其他种类的原子。
4. 原子在形成新的物质时，总是以一定比例结合的。

我们刚刚说过，德谟克利特通过思考建立了哲学层面的"原子说"。在"原子说"问世约 2 000 年后，道尔顿通过实证创立了科学层面的"原子论"。"原子说"（德谟克利特的第 1、2 命题）与"原子论"（道尔顿的第 3、4 命题）的结合，夯实了原子研究领域的根基，使原子学说得以进一步发展。

原子论的进一步发展

即使道尔顿创立的是科学层面的原子论，但在我们现在看来，这一理论也不是完全正确的。我们经过实验发现，道尔顿关于原子的命题，在逻辑层面存在着矛盾。我们之前说过，"所有物质都是由不可再分的原子构成的"，这句话并不完全正确。因为，在提到物质的产生时，我们已经知道，在物理层面，原子可以再分为质子、中子和电子。所以，为了解决这一逻辑矛盾，我们将命题修改为"所有物质都是由化学反应中不可再分的原子构成的"。

由此可知，物理作用和化学作用的含义是完全不同的。物理上所说的"分割"，指的是用刀切，用锤砸，用机器粉碎等简单、直接的行为。那么我们禁不住要问，原子也能用如此简单的方式进行分割吗？当然不是，虽然同样是物理作用，但分割原子所需的条件要更加苛刻。只有当蕴含巨大能量的原子之间发生碰撞，或者受到能量极强的射线照射时，原子才可能被分割。

那么，化学作用又会对原子产生哪些影响呢？这一问题的答案，就藏在道尔顿"原子论"的第3、4命题中，这两个命题指的就是**化学变化**。为了更好地理解化学变化，我们可以把这一过程想象成烹饪。在锅（化学反应发生的场所）中加入食材和调料（原子、分子组成的物质），经过炒或煮（化学反应），就变成了一道全新的菜肴（新的物质）。这样看来，化学变化和烹饪是不是很相似呢？不仅如此，就像烹饪有易有难一样，化学反应的发生也有难易之分。在后文中，我们还会了解更多关于化学反应的知识。

原子的质量

道尔顿认为，同一种原子的体积、形状、质量都是相同的。实际上，这一看法并不完全正确。不过，因为原子的体积和形状并没有特定的状态，所以我们也可以在一定程度上认可道尔顿对原子体积和形状的看法。我们想要修正的是道尔顿关于原子"质量"的描述。科学研究显示，即使是同一种原子，也会存在质量不同的情况，我们把这类原子称为"**同位素**"。互为同位素的原子虽然种类相同，属于同一种元素，但它们的质量却存在差异。

接下来，我们再研究一下构成原子的三种粒子——质子、中子和电子。我们在提及电池或电力时，会遇到"电荷"这一概念。电荷可以分为带正电（＋）的正电荷和带负电（－）的负电荷。那么，质子、中子和电子是带正电荷还是负电荷呢？我们可以从它们的名字中看出端倪。比如，中子就像它的名字一样"保持中立"，不带任何电荷。而质子与电子则正好相反，质子带正电荷，电子带负电荷。

虽然原子内的质子和电子带电荷，但作为构成物质的基本粒子，原子本身是不带电荷的。这是因为，原子内质子和电子的数量经常是相等的，二者可以相互抵消，所以原子整体呈中性。

了解完电荷，我们再来研究一下原子的质量吧。之前说过，原子中间是质子和中子紧密聚集在一起形成的原子核，电子围绕在原子核周围。这与地球围绕太阳公转的现象相似。众所周知，地球会围绕太阳公转是因为太阳质量大，引力大。以此类推，质子和中子的质量远大于电子。实际上，质子和中子具有相似的质量，且两者的质量都约为电子的1 800倍。也就是说，当我们谈论原子的质量时，电子的质量其实是可以忽略不计的。如果整理一下原子的特性，我们会发现，同种原子内质子和电子的个数相同。也就是说，中子的数量就是造成同种原子存在质量差异的原因。

当我们比较原子的质量时，我们通常会以碳原子为标准。这是因为，我们周围的很多物质都是有机物，之前我们提到过有机物的概念，有机物中最主要的成分就是碳元素。所以，我们将以碳原子为标准，探究同位素的性质。

我们之前说过，碳原子是由6个中子、6个质子和6个电子构成的。但在了解电荷这一概念后，我们就可以换一种方式来描述碳原子了。碳原子内存在6个带正电的质子和6个带负电的电子，二者抵消，因此碳原子整体呈中性。关于碳原子的质量，我们可以说，1个碳原子的质量等于6个质子和6个中子相加，一共12个粒子的质量。这样的碳原子是最普通、最常见的。地球上自然存在的碳原子中，大约有99%处于这种状态，我们将其命名为碳-12。

除了常见的碳-12，自然界还存在其他中子数各异的碳原子，比如，由6个质子、7个中子和6个电子构成的碳-13。将碳-13与碳-12进行比较，我们会发现，在电荷层面，碳-13与碳-12相同，都呈中性。但从质量层面来看，二者却不同。碳-12的质量约为12个粒子的质量，但碳-13的质量等于6个质子的质量加上7个中子的质量，再加上可以忽略不计的电子质量之和，即约为13个粒子的质量。

我们把质子数相同而中子数不同的同一元素的不同原子互称为同位素。比如，碳有多种同位素，如碳-12、碳-13、碳-14等。它们仍有相同的原子序数，在元素周期表内也在同一个位置，所以叫"同位素"。

在众多同位素中，有一些同位素的原子核处于极度不稳定的状态。随着时间的推移，这些不稳定的原子核会衰变，并转换成稳定状态的另一种原子核。我们把这一过程叫作**放射性衰变**。放射性衰变可以帮助我们解答很多疑惑。比如，通过追溯地层中同位素的变化，我们可以推测地层形成的时间。这也是考古学家们常用的科学方法。另外，放射性衰变还会发出特殊的信号。我们可以用仪器感知这些信号，并利用类似摄影的方式将这些信号记录下来。通过这些信号，我们就可以确定病人

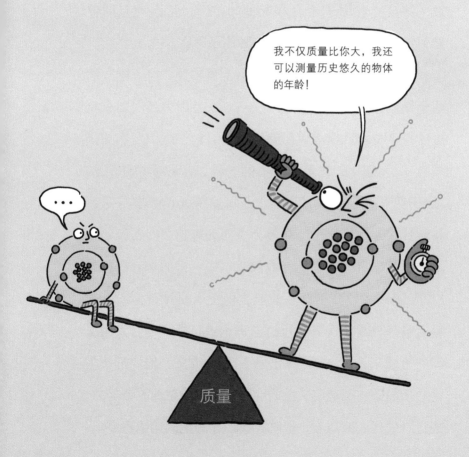

的身体哪里出现了问题。了解这些之后，我们便知道，即使一些同位素在元素中的占比很少，用处却有很多。

现在，我们已经大致了解了同位素。那么，我们应该能够理解，即使是同一种原子，也会出现质量不同的"异类"。并且，不仅仅是碳，几乎所有的原子都有同位素，甚至一种原子会有数十种同位素。正因为有同位素，这个世界上才会有那么多种原子存在。

到现在为止，我们已经纠正了道尔顿"原子论"的两个错误。之所以能够做到这一点，是因为我们拥有先进的科学技术。但在道尔顿生活的时代，这样发达的科学技术是人们完全无法想象的。所以，即使道尔顿的"原子论"存在错误，我们也认可这一学说具有一定的科学性，并认为这已经是较为全面的理论了。在科学技术不发达的过去，还有无数像道尔顿一样的学者们曾为"原子说"和"原子论"的诞生做出了贡献。他们有人整合自己的看法，有人用科学理论进行验证，有人用实验的方法来证实猜想，无论采用哪种方式，他们都曾为了更加简洁明了地定义组成物质的基本单位而不懈努力。经过一代代人的奋斗，最终，我们才能正确地认识原子。

两种特殊的物质

从古至今，无数的哲学家、科学家们对物质进行了探索。正是得益于他们的探索，我们才能知道关于物质、元素、原子的很多知识。不过，对物质的探索仅仅属于科学层面的问题吗？对物质的认知有没有给人类文明和文化带来影响呢？众所周知，人类对于物质的认知经历了不同的发展阶段。接下来，我们就来了解一下，东西方文明对于物质分别有怎样的认知。

在前文中，我们已经简单了解过西方文明对于物质认知的发展过程。古希腊的哲学家通过思考提出了"四元素说"，这一学说是古代西方文明进行物质研究的理论基础。"四元素说"问世后，不断有学者针对火、水、气、土这四种元素展开想象和推测，并由此延伸出对构成世界的要素的各种想象。但这些针对元素的研究也暴露出一个问题：有一些特殊的物质无法用"四元素说"解释。接下来，我们要将视线从哲学领域转向科学领域，了解两种元素——汞（Hg）和硫（S）。

汞，即我们常说的水银，是一种很有趣的元素，它虽然是金属，通常情况下却呈现出液体形态。众所周知，液体没有特定的形状，它的形状会随着容器的变化而变化，且液体具有从高处向低处流动的特性。那么金属呢？环顾一下周围，我们可以在很多地方发现金属的身影，比如，很多桌腿和椅子是由金属铁制成的，硬币是由锌和镍等金属混合制成的，甚至我们包装食物时经常用的铝箔也是金属。所以即使不了解构成金属的各种元素，我们也能对金属有一些基本的认识。至少我们知道，身边的这些物品是由各种各样的金属制成的，而这些金属都维持着固体形态。我们还知道，与现在相比，过去的人们在日常生活里能够使用的金属种类很少。但即使在过去，金属也应该是处于固体形态的物质。

众所周知，10℃至30℃是适宜人类生存的温度，但对金属来说，这一温度相对较低。在这一温度区间内，金属普遍会维持固体形态。汞却不同，即使处于适宜人类生存的温度中，汞也会维持液体形态。虽然汞具有与其他金属不同的状态，但我们不会质疑它是不是金属。因为我们通过实验和研究了解到，汞只是以液体形态存在，它的本质还是金属。过去，由于人们无法利用科技手段了解汞，所以古人一定会觉得汞这种物质非常神奇、非常特殊吧？除了在常温下以液体形态存在，汞元素还有一种奇妙的存在方式。在自然界中，有一种天然形成的物质叫作"朱砂"或"辰砂"，它是由汞元素和硫元素组成的化合物硫化汞（HgS），也是制造汞的主要原料。

了解了汞，我们不禁要问，硫又是什么呢？它为什么能动摇延续了数千年的"四元素说"呢？

一般情况下，硫会以黄色固体的形态存在，也就是我们常说的硫黄。硫普遍分布在火山附近。所以在一些影像资料中，我们可以看到在火山附近有靠开采硫黄块维持生计的人。硫在一般情况下会维持黄色的固体形态，但如果温度升高，硫就会像冰融化成水一样变成红色的液体。我们不禁好奇，如果在此基础上再次大幅升高温度，硫会不会直接燃烧呢？硫曾经被叫作"燃烧的石头"。顾名思义，硫是可以燃烧的。除此之外，硫还有一个很神奇的特点，即硫燃烧时生成的火焰不是红色的，而是蓝色的。有的火山喷发时产生的气体中含有大量硫黄，其火焰或流淌的熔岩往往也是蓝色的。知道了这些，我们不禁会想，古人在挖土或凿石头的时候发现了黄色固体——单质硫，然后他们可能会发现这种黄色固体的神奇之处——它的颜色和形态可以变化，即黄色的固体不仅可以熔化变成红色的液体，还可以燃烧，发出蓝色的火焰。不仅如此，古人们或许还会饶有兴致地观察硫燃烧的样子呢。

汞和硫的特性是无法用"四元素说"来解释的，所以，后来人们不断改进"四元素说"，融入对物质和元素的新想法。

东方文明的"五行学说"

西方文明提出了"四元素说"，而东方文明创造了**"五行学说"**。"五行学说"是由中国古代哲学家提出的用来说明世界万物的形成及其相互关系的理论。我们知道，"四元素说"是为了解释构成这个世界的要素而创立的。与之相似，"五行"则包含火、水、木、金、土这五种构成世界的要素。但与"四元素说"不同的是，"五行学说"认为五种要素间还存在着相生相克的关系。

前文提到，西方人发现汞这种无法用"四元素说"解释的物质时非常惊讶，而类似的事情在东方也发生过。众所周知，秦始皇是最早统一中国的皇帝，在中国历史上占据重要地位。东方人与汞的故事，就始于秦始皇"不老不死"的欲望。秦始皇下令在广阔的华夏大地

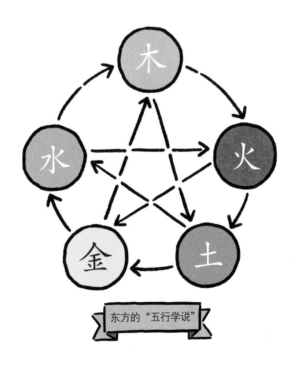

东方的"五行学说"

上寻找长生不老的药草，并派人协助方士们研制长生不老药。在此过程中，汞这一物质引起了方士们的广泛关注。在我们看来，汞是一种非常可怕的物质，它具有很强的毒性。如果我们经常接触汞，轻则引起汞中毒，重则导致死亡。如果我们的皮肤接触到汞，毛细血管中的血液会因为肌肉变得僵硬而流通不畅，进而呈现出肤色变白、皱纹稍微舒展的模样。这样的情形却令古人产生了错觉，他们认为汞能使人"变年轻"。古代科技不发达，人们会有这样的误解也无可厚非。而且，因为古人不了解汞的毒性，所以他们依据错误的认知，将汞当作对人体有益的物质。由此，我们可以推测，除秦始皇之外，后来很多皇帝可能也都是因汞中毒而去世的。而且通过勘探和研究秦始皇陵，我们发现陵墓中有汞制成的"河流"流动过的痕迹，这一点也足以证明秦始皇对汞的热爱。

正如我们所了解的，关于对物质的认知，东西方文明创造了各自的学说。随着时间的推移，这些学说不断得到发展和完善。最终，东西方文明相遇，使得科学飞速发展。两种文明相遇的契机源自东西方逐渐活跃的贸

易往来。开展贸易，必然要有来往的通路和能够进行贸易的场所。所以为了方便贸易，"丝绸之路"这一贸易通路就产生了，处于"丝绸之路"腹地的中东地区自然也就成了重要的贸易场所。依托这一贸易场所，东西方文明得以实现艺术、物产、书籍等诸多领域的贸易和交流，其中便包括我们正在研究的化学。

东西方文明的化学交流

西方文明有"四元素说"和有关汞、硫的信息，东方文明有"五行学说"和对汞的欲望。而将这些信息结合，便催生了将一种物质转换为另一种物质的技术——**"炼金术"**。从古至今，很多有名的炼金术士都在中东地区活动。甚至直到近代，中东地区还存在炼金术士。那么，"炼金术"到底是什么呢？顾名思义，"炼金术"是用来冶炼金等贵金属的技术。早期的"炼金术"是一门高尚的、有利于人类发展的学问。但后来它变成了一种非理性的研究，人们想通过"炼金术"把廉价的铅变成金子来赚钱，但这并不是"炼金术"的宗旨。"炼金术"的本义是把像铅一样无力、没有价值的精神进行无止境地提炼，直到精神变得像金子一样坚韧、有价值。这是一门需要不断探索和实验的学问。尽管"炼金术"的宗

旨遭到一些人的歪曲，但"炼金术"的价值和精神还是在一些近代著名的哲学家们身上得到了延续。

在研究"炼金术"的过程中，人们进行了许多实验和思考，从而发现了现今元素周期表中一半以上的元素。人们也逐渐了解到，世界上存在的物质和元素的种类远超我们的想象，而且，每一种物质都有其独特的性质，通过化学反应，人类甚至可以制造出新的物质。从这时起，研究物质及其变化的学科——化学正式诞生了。从古至今，人们一直对物质进行着探索。这种坚持不懈的探索精神源自古代的学者们，后来又经历了"炼金术士"的发展，最终延续到了现代科学家身上。当今世界，仍有无数的科学家在努力探究着物质的奥秘。

至此，我们已经初步了解了物质、元素和原子的部分内容。接下来，我们将进行更加深入的探索。

3

物质的形态

　　在前文中，我们已经了解了物质是什么、物质的组成以及物质的种类。现在，该解答下一个疑问了——物质是以何种形态存在的？关于这一问题，我们心中应该已经有了一定的答案。因为我们周围的物质基本都以固体、液体或气体的形态存在。举一个我们最容易观察的例子——水。水在空气和云层中以气体形态存在，即水蒸气；在河流和海洋中则以液体形态存在；而在寒冷的北极和南极，水会以固态冰的形态存在。虽然是同样的物质，但水在自然界中却是以不同形态存在的。我们不禁要问：物质的形态，即物态，是由什么决定的呢？

变化莫测的物质

　　最典型的物态有固态、液态、气态三种。接下来，我们从最容易观察到的特征开始探索。首先，固体是可以保持特定形状的。我们可以用眼睛看到、可以用手移动固体。而液体是没有固定形状的，液体的形状会根据盛装它的容器的不同而改变。我们也可以用眼睛看到、用手触摸到液体。但液体因为具有流动的特性，所以不像固体那么容易直接用手移动，而是要借助容器。气体也会像液体一样随着容器改变形状，但气体非常轻，通常无色，所以我们常常看不见也摸不着。那么造成物态差异的原因是什么呢？

　　同一种物质，无论是以固体、液体还是气体形态存在，构成物质的单元都是一样的。我们可能会认为这里的"构成单元"是之前提到的化学变化中的最小单位——原子。但事实上，除了原子，物质还有另一种形式的构成要素。世界上存在118种元素，但物质的数量却远大于这一数字，这是因为原子会相互结合生成新的物质。我们来回顾一下道尔顿的原子论，里面提到了"原子改变排列顺序"和"原子以一定比例结合"的内容。在经过这两个过程后，比原子更复杂、更多样的**分子**产生了，而分子正是我们要介绍的新的物质构成单位。

我们该怎样定义分子呢？分子是"保持物质化学性质的最小粒子"。分子可以由一种原子构成，也可以由多种原子结合构成。所以，虽然原子只有100多种，但原子却可以组成无数的分子，进而形成无数种不同的物质。

接下来，让我们以水为例，详细研究一下物质的形态吧。水是地球上最常见的物质，而水最常见的存在形态是液态，所以我们选择了表示液态的"水"作为我们对这一物质的基本称呼。但回顾一下有关水的术语，我们是不是从没听说过"水原子"呢？这是因为，组成水的基本单位不是原子而是分子。不过在化学领域，最能体现水这种物质的组成要素的，是水的化学式H_2O。

化学式由英文字母和数字组成，英文字母是表示元素种类的**元素符号**，数字则会告诉我们组成分子的原子数量。比如，H_2O表示水分子是由2个氢原子（H）和1个氧原子（O）结合形成的。那么，我们为什么把H_2O

这一化学式叫作"水"呢？正如之前所说，"水"一词只是得到大多数人认可的惯用名。实际上，从化学式来看，"水"应该读作"一氧化二氢"，表示"水"是由2个氢原子和1个氧原子结合形成的氧化物。但比起"水"这一名称，读化学式太复杂了，所以我们才会选择更为方便的惯用名。

物态的变化

对于物态的变化，我们有很多疑问。比如，在寒冷的冬天，积水为什么会变成冰呢？在炎热的夏天，柏油路上洒下的水为什么很快就会消失呢？实际上，这些是水从液态变成固态（冰）或气态（水蒸气）的现象。此时，我们需要用分子和分子间作用力来解释这些现象。

分子间作用力越强，分子间的联系就会越紧密，这时分子结合形成的便是固体。但如果分子之间的作用力比形成固体时的作用力弱，虽然分子也会聚集为一个整体，但分子间会保持一定的距离，分子可以相对自由地移动。这样的分子相互结合形成的物质的形态，就是能够自由流动的液体形态。那么当分子间作用力非常弱，分子和分子很难相互影响，当处于这种非常自由的状态时，分子和分子会形成什么形态的物质呢？没错，是气态物质。由此可知，构成物质的分子间作用力的大小，决定了物质的形态是固态、液态还是气态。

也就是说，由分子构成的物质在发生物态变化时，分子本身并没有变化。比如，水在蒸发时，它只是由液态变成了气态，而水分子并没有变成其他分子，它的化学性质也没有改变。

通过观察和推测，我们可以大致推断，**温度和压力**是影响物态的因素。所以从现在开始，我们将依次了解物态与温度和压力之间的关系。

首先我们来了解一下温度的概念。温度与我们的生活息息相关，我们将温度定义为"表示物体冷热程度"的物理量。关

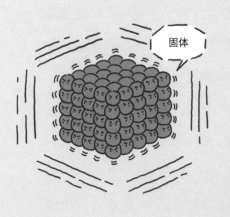

固体

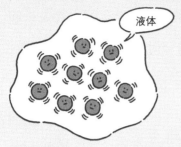

液体

于温度，我们最需要注意的是，绝不能将**热量**与**温度**混为一谈。

正如我们在第1章中了解到的，物质除了具有可测量的质量外，还具有能量。能量具有多种形态，如物体从高处掉落到低处时产生的势能，发射出的子弹或投出的球维持飞行所必需的动能等。能量以多种不同的形式存在，热量就是其中一种，它能反映物体内部能量的"变化"。实际上，热量是一种范围很广的概念，它不仅包含能量的转移，还包含能量的流向等内容。

举个例子，在寒冷的冬天，当我们站在取暖器前，热量会从取暖器传到我们的身体，我们的身体会逐渐变暖，这就是典型的热量转移现象。换句话说，"热量的转移"导致了"我们的身体变暖"这一结果。为了更好地表示这一过程，温度这一表示物体热量多少的概念便出现了。那么温度是怎样表示物质热量

气体

变化的呢？一个生活中的实例可以帮助我们回答这一问题：当我们觉得自己身体不舒服时，可能会摸一下额头，如果发现额头比平时更热，证明人体内的热量发生了变化，这时我们会去测量体温，确定自己是否发烧。人们通常用体温，即身体的温度来表示身体产生的热量。

直到18世纪，人们还是很难分清热量与温度这两个概念。温度计的诞生，才使得人们终于能明确地将这两个概念区分开来。有了温度计，我们就可以通过数值来确定物体的温度，不用再通过感觉来推测了。可以说，在我们认识热量和温度的过程中，温度计的出现是一个重要的转折点。

温度——物态变化的最大功臣

在前文中我们已经知道，温度是表示物体冷热程度的物理量。接下来我们就从温度和能量的角度，重新审视一下物质的形态吧。

假设我们面前有一种物质，组成这个物质的分子间具有强大的引力，它们牢固地结合在一起，使这一物质得以维持固体形态。这时我们将温度升高，这一物质内部的能量也会随之增加。众所周知，如果一直给气球充气，气球必然会爆炸。同理可知，如果物质内部的能量不断积累，物质必然也会发生变化。但是，不同于气球会爆炸，能量的积累并不一定会造成物质被破坏或物质消失的极端结果。这些能量通常只会让组成物质的分子更为便利地移动。换句话说，物质内部的能量会因外部温度升高而增加，进而使分子间作用力减小，最终导致分子和分子相互分离，成为自由移动的状态。在经过这一过程后，我们面前的这一物质会发生相变，它会从固体形态相变为分子移动相对自由、分子间引力作用较弱的液体形态。

同样，在这一物质相变为液态后，如果温度继续升高，这一物质内部的能量将会继续增加，组成这一物质的分子可以更加自由地移动，不会再因为分子间的作用力而聚集。这时，这一物质的形态就再次变化，成为气态。

而当温度降低时，情况则刚好相反。例如，当物质呈气态时，如果我们降低它的温度，组成物质的分子会

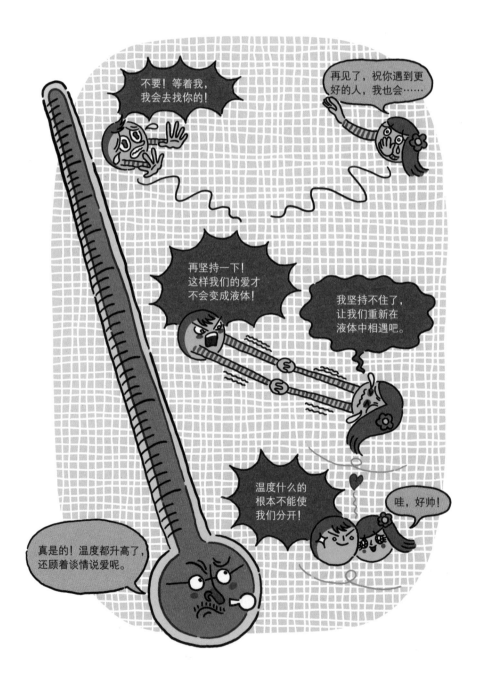

逐渐靠近，分子间的作用力也会增强，物质会相变为液态。在此基础上，如果温度再次降低，液态的物质就将相变为固态。

物态的变化可以用专业术语来表示。物质从固态变为液态的现象叫作熔化，从液态变为固态的现象叫作凝固，从液态变为气态的现象叫作汽化，从气态变为液态的现象叫作液化。除此之外，还有一种现象也表示物态发生了变化，即升华。升华是指物质从固态不经过液态而直接变成气态的现象。举个例子，我们打包冰激凌回家的时候，为了不让冰激凌融化，商家一般都会在盒子里放一些干冰。盒子里的固体干冰一般不会经过熔化过程变为液态，而是会直接变为气体飘走。那么，为什么干冰会升华呢？干冰是将二氧化碳压缩和冷却后制成的固体，在我们日常生活中，即在1个大气压的常温条件下，二氧化碳不能以液体状态存在，所以它会直接升华为气体。而我们之所以常将干冰用于打包冰激凌，正是因为干冰具有吸收周围热量，从而降低温度的性质。

那么，为什么处于同一形态的同种物质会具有不同的温度呢？比如，虽然同样是液态水，有的水是40 ℃，有的水却是60 ℃。又如，同样是气态水，我们在澡堂桑拿浴中却可以分别体验到100 ℃和130 ℃的水蒸气。明明温度改变了，但它们的物态却没有发生改变，这是为什么呢？

其实，物态并不会因为温度稍微上升或下降就发生改变。只有达到了特定的温度，物质才会发生足以令我们观察到的形态变化。所以当环境温度维持在一定范围内时，物质的形态就会保持不变。随着温度的变化，即使物态不会发生改变，但物质内部还是会发生变化。分子或原子会保持运动状态，它们会快速或缓慢地在物质中平动、转动、振动。

虽然我们看不见温度，但是它可以改变物质的形态，是不是很神奇呢？

神秘的压力

除了温度，压力也是影响物态变化的因素。压力是指发生在物体表面的作用力，它是一个物理量，表示挤压物体表面力量的大小。物质受到的压力越大，组成物质的分子就排列得越紧密。但与温度不同，压力的存在很难被我们感知到。比如，我们能感受到季节交替、气温变化，但通常感觉不到地球大气对我们的压力。而且，我们可以较轻易地调节环境温度，但压力的调节就相对难实现了，一般需要借助试验室中的设备才能完成。

但如果我们能够调节压力，就可以维持或改变物态。比如，当温度已经满足液态水汽化为水蒸气的条件时，我们可以通过调节压力使水维持液态。或者当温度足以让液态水凝固为固态冰时，我们也可以调节压力来阻碍水的物态改变。事实上，如果我们对压力有一定的了解，知道压力如何影响分子排列的话，那我们便可以轻而易举地想到利用压力来干涉物质的物态变化。

如果我们将气态物质置于高压作用下，在气态物质内部，分子间的距离将不断缩小，直至物态转变为液态。这一过程就是利用压力来完成物态的改变。在这一过程中，压力和温度虽然都会起作用，但二者是独立发挥作用的。比如，在温度升高的作用下，物质内部的分子已经可以变为比较自由的状态了，但如果此时压力增强，物态的改变不仅可能被抑制，甚至还可能向相反的方向进行。

我们已经知道，随着周围环境的改变，物质的三种形态可以相互转化。而在物态变化的过程中，温度和压力起着至关重要的作用。为了更好地了解温度和压力对物态变化的影响，我们可以将其用图示的方式表示出来，这种图示被称为**三相图**。三相图最大的特点是拥有**三相点**。那三相点是什么呢？在三相图中有一些线条存在，这些线条代表着在各种温度和压力条件下，物质形态向固、液、气变化的界限，而这些表示界限的线条会交会于一个点，这一点就是三相点。

也就是说，三相点其实代表一个数值。当温度和压力达到三相点的数值时，物质的三相（气相、液相、固相）便可以共存。不过，想要达到三相点所需要的条件是非常困难的。只要温度和压力稍有偏差，物质就会发生相变。虽然达到三相点的要求较苛刻，但有了三相图，我们就能更好地控制物态的变化了。

需要说明的是，物质的"物态"与"相"并不是完全相同的概念。但是，我们在此就不做过多阐述了。

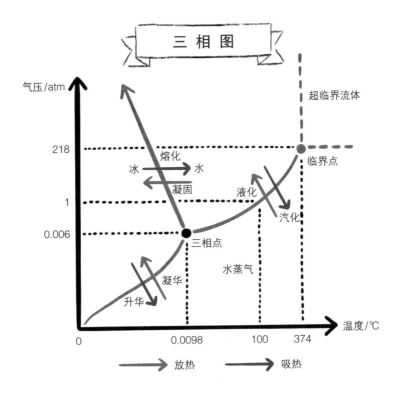

三相图

气压/atm

218 ······ 熔化
        冰 → 水
        ← 凝固
1 ······
0.006 ······ 三相点

超临界流体

临界点

液化
汽化

水蒸气

凝华
升华

温度/℃

0   0.0098   100   374

→ 放热   → 吸热

凝胶、溶胶、等离子体

　　目前为止，我们已经知道物质的形态可以分为固态、液态、气态，也知道了可以通过控制压力和温度改变或者维持物质的形态。不过，世界上所有物质的形态都可以用固态、液态、气态来表示吗？如果是，那么果冻和布丁这样的食物处于什么形态呢？从表面来看，它们有一定的形状，呈现出固体形态。但如果我们将果冻或布丁倒出来，它们又会向侧面弯曲或拉伸，呈现出类似液体的形态。所以，我们是无法用固态、液态、气态来准确定义它们的形态的。因此，我们便将这样处于中间状态或与固态物质、液态物质、气态物质完全不同的

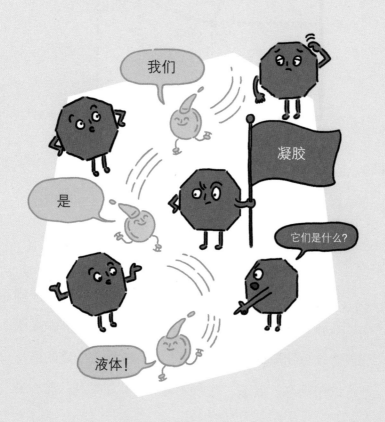

特殊形态的物质，重新定义为凝胶、溶胶和等离子体。

凝胶是一种介于固体和液体之间的物质（类似前文提到的果冻和布丁），液体分子分布在固体分子中。

溶胶与凝胶相反，溶胶是固体分子分布在液体分子中形成的，所以它的特性更接近于液体。比如，血液、墨水和油漆这种类似液体的物质都是溶胶。通过凝胶和

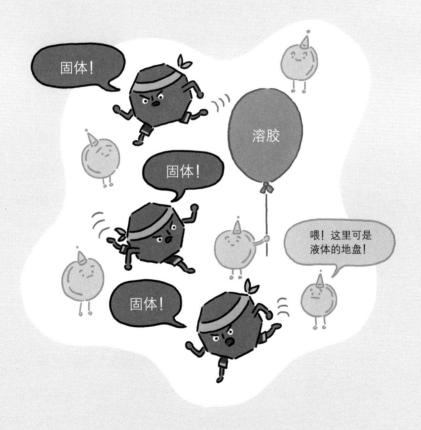

溶胶的特性我们能够知道，凝胶和溶胶并不是由一种物质组成的，而是由两种或两种以上不同状态的物质均匀地混合在一起形成的。所以，我们可以将凝胶和溶胶定义为：不同于固体、液体、气体，却具有固体、液体、气体中间特性的物质。

最后，我们要了解一种特殊形态的物质——**等离子体**。物质的等离子体状态被称为等离子态。等离子态被称为第四种物质形态，即物质除固态、液态、气态外的形态。前文提到，当温度升高或压力降低时，物质内部分子之间的距离会变大，因此，固体会熔化、汽化，直至变为气体。那么，当一种物质已经是气态，但温度却还在持续升高时，组成物质的分子就会变成独立游离的原子。再继续加热，就会发生电离现象，此时这种物质形态就是等离子态。

让我们回顾一下原子的基本结构。原子由带正电的原子核和围绕它的带负电的电子构成。当被加热到足够高的温度，原子的外层电子就会摆脱原子核的束缚成为自由电子，就像下课后的学生跑到操场上随意玩耍一样。电子离开原子核，这个过程就叫"电离"。这时，物质就变成了由带正电的原子核和带负电的电子组成的一团均匀的"浆糊"。从原子角度来看,电子脱离后正负电荷便不再相抵。但从分子角度来看,脱离的电子会与新生成的离子电荷相抵。所以,我们可以说等离子体是整体呈中性的物质。

等离子体的形成需要达到的高温远超我们想象,因此,我们在日常生活中很难观察到等离子体。但是,在整个宇宙中,等离子态才是物质存在的主要形式,等离子态的物质占宇宙中物质总量的99%以上。包括太阳在内的众多恒星、星际物质以及地球周围的电离层等,都是由等离子体组成的。也就是说,太阳其实是一个巨大的等离子态的"超级气球"。

分布在世界各处的100多种元素相互结合,创造出了无数的物质,这些物质大多数会以自己最适宜、最稳定的形态存在,而温度和压力是影响物质形态的最主要因素。由此可知,如果想要对物质进行描述,那么温度和压力就是我们必须参照的重要标准。除此之外,我们还可以用什么标准来描述物质呢?我们将在下一章进行介绍。

4

和物质有关的计量单位

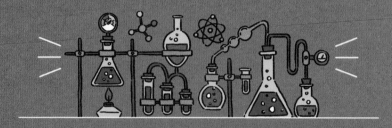

　　当温度和压力变化时，物质的形态也会发生变化。了解了这一点，在制造、使用物质时，我们就有方向了。比如，我们可以通过调节温度或压力等条件，创造出特定的环境，使物质呈现出我们想要的形态。不过，应该根据什么标准来调节这些条件呢？为了回答这一问题，我们不仅需要了解日常生活中经常接触的温度和压力的计量单位，还需要了解科学领域的其他相关计量单位。

温度的计量单位

目前为止，我们已经对温度有了一定的认识。事实上，温度不仅能帮助我们了解物质的形态，在我们的生活中，它还与农作物生长、户外活动、人体健康等各个方面息息相关。也正因此，人们会用不同的计量单位来表示温度。不同国家、不同文化圈的人们，在不同情况下表达温度时，通常会使用不同的计量单位。所以，我们在使用相关数据时常需要进行换算。

温度的计量有**摄氏温标**和**华氏温标**两种方式。在这两种计量方式中，我们更为熟悉的是摄氏温标。摄氏温标的单位是摄氏度，其符号是℃，就是在大写字母C的左上角添上一个小圆圈。那大写字母C意味着什么呢？其实，C来源于首次提出摄氏温标的科学家的名字。1742年，瑞典天文学家安德斯·摄尔修斯（Anders Celsius）提出了摄氏温标的概念。所以，我们以他姓氏的首字母C作为摄氏温标的符号。在最初提出摄氏温标时，摄尔修斯将水凝固成冰的温度设定为100度，将水蒸气汽化的温度设定为0度。但是这一设定很难体现温度的高低，所以后来这一设定被修正了。现在的摄氏温标规定，水结冰的温度为0度，水沸腾的温度为100度。

了解了摄氏温标的由来，我们再探究一下华氏温标。华氏温标这一名称与摄氏温标很相似，那么它们的由来会不会也很相似呢？没错，华氏温标这一概念是由德国物理学家丹尼尔·加布里埃尔·华兰海特（Daniel Gabriel Fahrenheit）在1724年提出的。与℃相似，华氏温标的符号是℉，大写字母F同样来自提出这一标准的科学家的姓氏的首字母，而"华氏"这个词则来源于Fahrenheit的音译"华兰海特"。过去欧美各国都使用过华氏温标，但现在只有包括美国在内的几个国家还在使用这一温度的计量方式。在对温度的设定上，华氏温标远比摄氏温标复杂。华氏温标将氯化铵（NH_4Cl）、冰和水以1∶1∶1的比例混合后达到平衡时的温度（混合物不再变化，处于稳定状态的温度）设定为0度，将冰与水混合后达到平衡状态的温度设定为32度，将人在通常情况下的体温设定为96度。华氏温标之所以会这样设定，是因为华兰海特在提出这一标准时，人工能够达到的最低温度便是将氯化铵、冰和水等比例混合后的温度。

随着科学技术的发展，使用华氏温标的国家大幅减少。因为我们现在已经可以将人工能达到的最低温度降至更低，不再局限于华氏温标的设定了。因此，使用摄氏温标比使用华氏温标更方便。

过去，不同的文化圈会各自使用不同的温度标准。而且，除了摄氏和华氏，人们还会使用兰氏、列氏等温度标准。在这样的情况下，世界急需一个各国通用且更科学、更稳定的温度标准。为此，国际计量大会（统一各种物理量和测量标准的国际性会议）公布了**热力学温标**这一标准，单位是"开尔文"。那么，热力学温标又是如何设定的呢？国际计量大会将水的三相点的温度设定为273.15开尔文，将没有动能、人类能够想象到的最低温度设定为0开尔文（也称绝对零度）。利用热力学温标，科学家们可以轻易地表示宇宙间的任何温度。换句话说，在我们的生活中，不会有超出热力学温标范围的情况。因为即使在没有光线照射，宇宙中最冷的地方，温度也会有1～3开尔文。所以，从科学层面来讲，热力学温标是能够表达所有现象和状态温度的计量方法。热力学温标也称**开尔文温标**，用符号T表示。而热力学温标之所以会被叫作开尔文温标，是为了纪念在热力学领域拥有卓越成果的英国科学家——第一代开尔文男爵威廉·汤姆森（William Thomson）。热力学温标的单位符号与摄氏温标和华氏温标的不同，它没有左上角

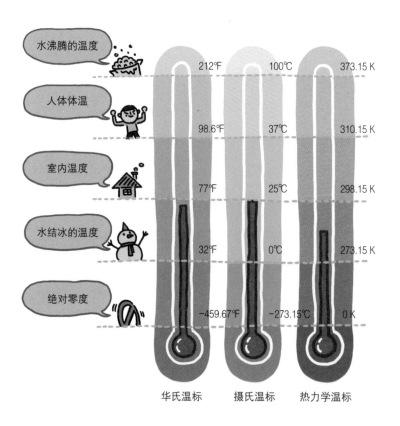

水沸腾的温度	212℉	100℃	373.15 K
人体体温	98.6℉	37℃	310.15 K
室内温度	77℉	25℃	298.15 K
水结冰的温度	32℉	0℃	273.15 K
绝对零度	-459.67℉	-273.15℃	0 K

华氏温标　　摄氏温标　　热力学温标

的圆圈符号，只用大写字母K来表示。

在众多温标中，热力学温标可以说是最科学的。所以，热力学温标被广泛应用于物理、化学等自然科学领域。不过，我们在日常生活中通常不会使用这一温度单位。因为如果我们用热力学温标来表达日常生活中的温暖和寒冷，那么我们将得到一个很庞大的数值，这可能会造成我们对温度的认知混乱。例如，当一个物体的温度为40℃时，转化为热力学温度就会是313.15 K。尽管如此，如果我们想要从科学的角度了解物质，那么就必须学习使用热力学温标。

压强的计量单位

在上一章中，我们已经从分子的角度认识了压力对物态的影响。与温度相似，压力的强度也可以用不同的计量单位来表示。表示压力的作用效果的物理量叫压强，即物体单位面积上所受的压力的大小。我们应该在天气预报或纪录片里听到过"气压"或"帕斯卡"之类的词吧？这些都是与压强有关的名词。压强的测量与科学关系密切，接下来，让我们来认识一下压强的测量单位吧。

最常用也最实用的压强是气压。顾名思义，它表示大气压强，所以我们用atmosphere（地球大气）的简写"atm"来表示地球的大气压强。虽然我们无法明显感觉到气压，但只要有空气存在，气压随时都可以发挥作用。举个典型的例子——气球，吹气球时，气球中的空气会对气球内侧产生压力，因此注入空气后的气球才会维持膨胀状态。我们把标准大气条件下海平面附近的气压定为1atm。在过去，想要准确测定气压并不容易，所以人们会借助汞这种虽然处于液态，但质量较大、便于操作的物质来测量气压。人们将汞注入玻璃管，利用玻璃管中的汞柱高度来测量气压。表示气压的单位是mmHg（毫米汞柱），这一单位是将测定玻璃管中汞柱高度的单位——毫米（mm）和汞的元素符号"Hg"合成后形成的。前面提到的1atm换算后等于760 mmHg。

像温标中的热力学温标一样，对压强的表示也需要科学的标准，为此人们制定了帕斯卡（Pa）这一单

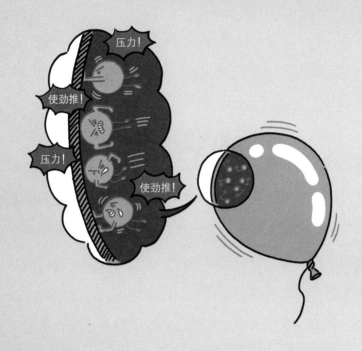

位。该单位是以法国科学家布莱斯·帕斯卡（Blaise Pascal）的名字命名的，它定义了压强的标准单位，即在每平方米施加1牛顿（N）的力。天气预报中经常使用的"百帕"一词，就是前缀"百"与帕斯卡结合形成的。

　　最后，我们整理一下不同压强单位之间的换算。

$$1atm= 760\ mmHg = 101\ 325\ Pa$$

⪢ 浓度的计量单位 ⪡

温度和压力虽然是外部因素，但可以决定物质的状态。如果物质的状态已经确定，那我们就需要利用更多的信息来解读物质了。这时，物质的**浓度**便是我们最需要掌握的信息。那么为什么浓度这一标准如此重要呢？举例来说，空气是掺杂着多种气体的混合物，我们在日常生活中主要接触到的也是多种物质混合后形成的混合物。我们只有了解身边的混合物的成分和浓度，才能正确传达物质相关信息。

在了解浓度之前，我们先要了解**溶液**这一概念。溶液是由两种或两种以上物质混合后形成的。一提到溶液，我们很容易联想到液态物质，事实上，溶液的概念包含各种物态。有固态的，如合金；有液态的，如糖水；有气态的，如空气……不过，组成溶液的各物质并不是互相分离的，它们处于均匀、稳定的混合状态。

溶液是由溶质和溶剂混合形成的。能溶解其他物质的物质就是溶剂，溶解在溶剂中的物质就是溶质。比如，当溶质和溶剂都是固体或都是液体时，量多的就会成为溶剂，量少的则会成为溶质；当溶质和溶剂的状态不同时，则需要根据混合物的状态判断：与混合后的溶液状态最相似的物质是溶剂，另一种物质则是溶质。下面举两个例子来具体说明：将50毫升水和100毫升蜂蜜混合制成溶液，蜂蜜就是溶剂，水就是溶质；在50毫升水中溶解100毫克盐制作盐水溶液时，水是溶剂，盐是溶质。如果我们用肉眼观察已经制作完成后的盐水，除了可以判断盐水溶液是以液态存在的物质外，我们无法获得其他信息。所以，如果我们想知道盐水中含有多少盐，我们就必须利用浓度这一概念。

浓度是测定溶液中溶质比例的标准，它表示溶质在溶液中所含的量，可以反映溶液的浓或稀。

衡量溶液的浓度也有很多标准。**百分比浓度**是日常生活中使用最广泛的标准，而**摩尔浓度**则是科学研究时主要使用的标准，除了摩尔浓度还有**质量摩尔浓度**这一概念。了解衡量浓度的标准，有助于我们更好地把握物质的特性。

质量和体积是测量溶液中溶质含量的两个要素，百

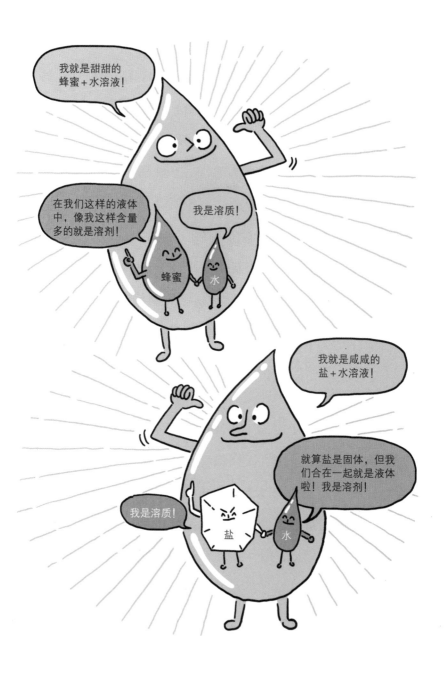

分比浓度就是用质量或体积来计算溶液中溶质所占比例的。百分比浓度可以分为质量百分比浓度和体积百分比浓度。那么质量百分比浓度是什么呢？举个例子，饮料或饼干的成分标贴上写着"百分之多少的苹果汁""百分之多少的香精"等配料和百分比，这就是浓度表示方法中最具代表性的**质量百分比浓度**。即用百分比表示溶质质量在全部溶液质量中所占的比例。当溶质和溶剂状态不同，很难统一比较时，我们常采用质量百分比浓度来表示溶液的浓度。

而**体积百分比浓度**则表示溶液中所含溶质体积与溶液体积的百分比。体积百分比浓度多用于溶质和溶剂状态相同的情况，如当溶质和溶剂都为液体时，我们就可以使用体积百分比浓度。因为这种情况下每种物质在溶液中都有一定的体积，所以很容易计算混合后的比例。

用上述百分比浓度所表示的物质千差万别，它们是由形态、体积不同的分子和种类、数量不同的原子构成的。科学研究领域需要一个直观的衡量标准。虽然质量和体积都方便测量，但很难直接用于溶液间的比较。因此，比起质量和体积，科学家们更关注组成溶液的粒子数量，并据此制定出了新的浓度标准，即物质的量浓度（也称摩尔浓度）和质量摩尔浓度。

这两个概念中含有相同的字眼"摩尔"，我们对这个词或许很陌生。摩尔（mol）是科学研究领域会使用的词，但我们没必要把它想得太复杂，只要简单地将它理解为表示数量的新方法就可以了。在日常生活中，我们会使用很多单位来表示物体的个数。比如，12支铅笔也可以说是1打铅笔。同样，为了表示组成物质的粒子数，我们创造出了"摩尔"这一单位。但仔细想想，分子和原子这样的微观粒子的体积这么小，如果要组成我们看得见、摸得到的物质，一定需要数量庞大的粒子吧？没错，1摩尔便代表了 6.02×10^{23}，也就是 602 000 000 000 000 000 000 000 这一庞大的数字。

用物质的粒子个数除以溶液体积（单位为升，用L表示），就可以计算出摩尔浓度。摩尔浓度再除以溶剂的质量（单位为千克，用kg表示），就会得到质量摩尔浓度。既然摩尔浓度和质量摩尔浓度概念相似，那为什么还要分别使用这两个概念呢？因为当温度升高时，物质膨胀，体积会增加，溶液的体积也会发生变化。为了避免温度对计算质量产生干扰，科学家们创造出了质量摩尔浓度这一概念。在不同领域，这两种标准的使用情况也不同。正因如此，我们更需要正确了解物质的特性。

目前为止，我们已经详细地了解了温度、压强以及浓度的定义以及它们是如何发展的。有这些知识作为根基，我们就可以从科学的角度观察物质的特性了。

5

沸点、凝固点、熔点

　　物质在不同的温度和压力作用下会以不同的形态存在，并且物态还会随着作用条件的变化而发生改变。但是，我们应该如何更加科学、更加精确地说明这些现象呢？生活中最常见的物态变化是水的汽化和凝固，我们肯定看到过沸腾的水变成水蒸气、冬天的水面结冰，还经常可以观察到杯子里的水随着时间的流逝逐渐减少的蒸发现象。那么蒸发和沸腾有何不同呢？我们又该如何科学地认识凝固点、熔点与沸点呢？

蒸发与沸腾

实际上，物质从液体转化为气体，不仅可以通过沸腾，还可以通过蒸发实现。想要彻底了解这两种现象，我们就需要先了解一下蒸发的概念。有趣的是，压力可以帮助我们解释蒸发现象的发生。

温度、压力、浓度都会影响物质的状态，也可以为我们提供额外的信息，帮助我们了解物质。但在温度、压力、浓度当中，温度和浓度是没有特定移动方向的。当然，我们都知道内能可以从热的地方向冷的地方移动，海水会从盐度高的地方流向盐度低的地方，但这些都是物质的移动，温度和浓度本身没有方向。温度和浓度只是用来说明物质状态的，是一种信息。

然而压力却不同。作为实际作用在物体上的力，压力会向某个方向挤压物体表面，这说明压力是有方向的。那么，为什么有的物质可以在压力作用下维持原本的样子呢？我们可以做一个简单的实验：双手合十，左右手相互发力。我们明明可以感受到手掌的压力，但双手还是处在原来的位置。像这样，当压力反向作用时，力就会被抵消，从而使物体维持相对平衡的状态。而这种平衡状态可以说是影响物态变化的最重要的标准。

我们生活的地球也会受到压力作用。地球表面环绕着厚厚的大气层，地球大气会压迫地球表面，作用在单位面积上，就是约1个大气压。大气产生的压力也会均匀作用在液体与空气相接的界面。在压力作用下，构成液体的分子可以互相靠近，使液体维持原有状态。但无论大气如何压制，一些液体分子也会摆脱这种束缚，变成更自由的气体状态，这种现象就是蒸发。而与液体相接的气体内空隙越多（或大气中气体分子浓度越低），就会有越多的液体分子蒸发为气体。而且外部压力越小，蒸发越活跃。

那么，蒸发是可以毫无限制持续发生的吗？试想一下，如果我们在盖子紧闭的密闭桶中倒入液体，并将空气全部抽出。此时，因为失去了很多气体，桶内将多出很多空间。而且，没有了气体，气体作用于液体表面的压力也就不复存在了。为了填满桶内空间，液体会自动通过蒸发变成气体。我们可以由此推测，最后，使液体变为气体的压力和已经蒸发成水蒸气的气体对液体表面的压力会逐渐持平。

前文提到，当温度升高时，构成物质的分子可以快速地移动。所以，温度越高，蒸发就会越活跃。但是，即使桶内的液面不再下降，在我们肉眼看不到的分子的世界里，物态的变化还在继续。只不过，在单位时间里，出入液面的分子数目相等。简单来说，就是每当一个液体分子转变为气体分子，气液相接界面上的一个气体分子就会转变为液体分子。像这样，虽然物质内部正发生着活跃的变化，但是我们从外部观察不到这种变化时，我们就认为物质达到了平衡状态，我们将这样的状态称为**动态平衡**。

这时，桶内的液面不会再下降，液体的分子数目和蒸气的分子数目也都不会再改变，但其实蒸发和凝结仍在进行。此时的蒸气叫饱和蒸气，它所产生的压强叫**饱和蒸气压**，简称蒸气压。在一定的温度下，液体的蒸气压是恒定的，与空间的大小、液体的多少等因素无关。

那么，我们不禁感到疑惑，为什么当我们用杯子盛满水但没有盖好盖子时，水会不断蒸发，最终只剩空杯子呢？这是因为，当失去了盖子，水就暴露在了广阔的大气空间里，蒸气压和大气压无法平衡，所以水会不断蒸发。也就是说，液体蒸发需要足够的空间使液体分子变为气体分子。我们还可以举一个简单的例子：天气干燥时，空气中几乎没有水分子，我们洗的衣服就容易干；但在潮湿的日子里，空气中含有很多水分子，我们洗的衣服就不容易干。不过，即使是在较为潮湿的环境中，如果提高温度，分子的运动就会变得剧烈，分子间的作用力就会变弱，就会有更多的液体分子变为气体分子。所以，气体的分子会变多，水的蒸气压就会升高，洗完的衣服就会很快晾干。

从物态的变化来看，沸腾与蒸发相同，都是物质由液态变为气态的现象。那么沸腾与蒸发又有哪些不同之处呢？我们在生活中可能没有仔细研究过沸腾与蒸发，但稍微回想一下两者发生时的景象，就能找到两者的不同点了。

首先，我们来回想一下沸腾发生的过程：将水倒入锅中加热，不一会儿，容器内壁和底部就会产生气泡，这些气泡会升至液体和空气的交界面，锅中的水发生非

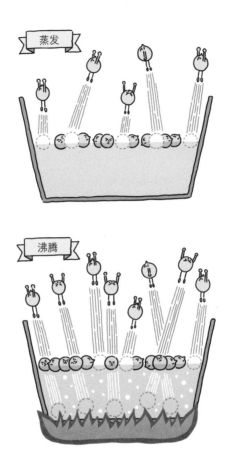

常激烈的汽化现象。相反，蒸发发生时却是静悄悄的。
我们将水倒入杯中，杯子里的水短时间内没有任何动
静，但随着时间的流逝，水会慢慢减少。这一差异看似
微不足道，但最能说明蒸发和沸腾的区别。

接下来，我们再回顾一下构成液体的分子是如何运动的。在液体内部，分子会与分子相互作用而紧密结合。但是空气和液体交界面上的分子暴露在液体上层，分子间的作用力相对比较弱。蒸发是液体和空气交界面的分子一点点飞向空气中的、安静的变化过程。与此相反，沸腾时，随着温度的充分升高，液体分子内的能量会同步上升，分子会从液体内部移动到空气中，整个过程非常剧烈，而且会产生很多气泡。每一种液体都有一定的沸腾温度，这个温度叫作**沸点**。

实际上，沸点也可以说是液体的蒸气压与外部大气压达到平衡的点。怎么理解这句话呢？前面说过，如果液体温度升高，液体的饱和蒸气压也会增大。我们可以用烧开水举例，烧开水的水壶不是真空的，所以水面上方的压强约为1个标准大气压。大气就像是盖子一样压在水面上。如果液体分子要想跑到空气中去，就必须克服大气产生的压力。当蒸气压上升到能与大气压相抗衡的时候，液体分子就可以大量变为气体分子。在1个标准大气压下，水的沸点为100 ℃。也就是说，在达到100 ℃时，水的蒸气压为1个标准大气压，这时液体分子会自由地变为气体分子。由此，我们便知道为什么在高山上煮的米饭总是不熟了。因为高山上的大气比地势低的地方的大气稀薄，所以高山上的气压比1个标准大气压低。这就意味着，即使水温没有达到100 ℃，水也会开始沸腾，因此高山上煮出来的饭就无法熟透。人们在高海拔的环境中做饭时，通常会用高压锅。这样做是为了增加压力，使水在达到足以烹饪的温度时沸腾。不得不说，这真是一种生活的智慧呀！

凝固点与熔点

接下来，让我们探究一下物质由液态变为固态的瞬间吧。水的汽化要在达到沸点时才会剧烈、快速地发生。同样，即使把水放在温度很低的冷冻室里，也需要一段时间水才能凝结成冰。这是因为液体温度降低到**凝固点**也需要时间。与固体分子相比，液体分子的活动相对自由。如果液体分子想要获得强大而牢固的相互作用，形成固体，就必须失去大量的能量。而随着能量的散失，液体的温度会逐渐降低，直到变成固态，此时的温度就是凝固点，即液体开始凝固的温度。

　　但是比起凝固点，熔点或许更值得研究。熔点是指物质由固态转为液态的临界温度。所以，熔点和凝固点都是物质在固—液临界状态下的温度。同一种物质的熔点和凝固点是同一个温度，只不过是考虑的物态变化方向不同，从而叫出了不同的名字：当物质从固态变化为液态时，叫熔点；当物质从液态变化为固态时，这个温度叫凝固点。但是就像刚刚说的，比起凝固点，我们更倾向于使用熔点。这是为什么呢？为了回答这一问题，我们需要先了解一种奇妙的现象——**过冷却**。

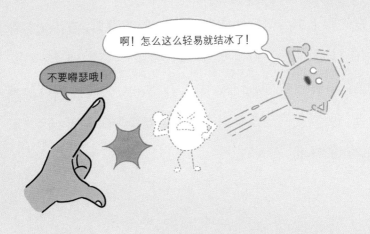

　　顾名思义，过冷却的意思是超过一定程度的冷却状态。通常，随着温度的降低，液体会慢慢变为固体状态。但如果遇到急速冷却的情况，那么即使温度已经低于凝固点，但液体还保持着自己原来的状态，不会发生物态变化，这种情况就是过冷却。稍微思考一下我们不难想到，过冷却状态应该很不稳定，处于过冷却状态的物质一旦受到轻微冲击就会瞬间冻结。过冷却是一种非常独特的现象，那我们是不是很难观察到呢？其实，我们在生活中很容易看到过冷却现象。比如，在寒冷的冬天，气温降到 0 ℃以下，空中的温度比地面低，但空中飘浮着由水滴组成的云。那么这些云到底是如何飘浮的呢？因为形成云的水滴处于过冷却状态，所以即使处在约零下38.5℃的环境中，这些水滴也能以液体状态存在。如果我们将液体变为固体状态的温度，即凝固点作为固—液变化的标准，难免会存在一些模棱两可的地方。所以我们还是倾向于选取熔点作为定义固—液物态变化的标准。

沸点与凝固点

目前为止，我们已经简单了解过沸点与凝固点（或熔点）了。在这一过程中，我们主要选择纯净物作为例子进行解释说明，而在纯净物中，我们又选择了水这一最为普通的物质作为研究对象。但在日常生活中，比起水这样的纯净物，我们使用更为广泛的应该是各种物质融合在一起形成的均匀混合物——溶液。如果我们在纯溶剂中添加少量难以挥发的溶质，使纯溶剂变成稀溶液，它的沸点与凝固点会发生变化吗？

液体的汽化是指构成液体分子变成气体分子飞入气体空间的过程。那么，我们可以猜想一下，构成稀溶液的分子与构成纯溶剂的分子，哪一种更容易变为气体分子呢？

假设在气液交界面上一共有100个液体分子的位置，那么对于纯溶剂而言，这100个分子相变为气体的机会是相等的。但对稀溶液来说，情况略有不同。溶液是由溶剂与溶质混合形成的，所以除了溶剂，溶质分子也会占据这100个分子的一部分位置。因此，溶剂分子变为气体的机会就会减少，蒸发便会更加缓慢地进行。类似的情况在沸腾过程中也存在，稀溶液的沸点比纯溶剂的沸点要高。也就是说，比起纯溶剂，稀溶液需要吸收更多的能量才能发生相变。而且，根据溶质分子数量的不同，溶液的沸点也会有所变化。由此可得，温度、压力与浓度都可以影响溶液的状态变化。因条件变化而导致溶液与纯溶剂沸点不同的现象，通常被称为**沸点升高**。例如，拉面店的厨师在煮拉面时，通常会在水中掺入高汤后再加热，这样可以使拉面在更高的温度下快速煮熟。而这一做法正是利用了溶液的沸点升高现象。

凝固点与沸点类似，因为溶液中含有溶质分子，所以比起纯溶剂，溶液需要释放更多的能量才能将温度降

至凝固点。这是不是与沸点升高原理很相似呢？仔细想想，在寒冷的冬天我们经常能看到溪流或河水结冰的景象，但很少见到大海结冰吧？这是因为淡水的性质接近纯溶剂水，而海水则溶有盐等各种物质，凝固点低于淡水，所以海水不容易结冰。

在冬天，下雪后的路面很滑，这时人们会在路面上撒一种白色的颗粒。这种颗粒叫作氯化钙，它可以降低雪的凝固点，帮助路面上的积雪迅速融化。这个例子就是将化学知识灵活运用于生活中的道路除雪，而这里面提到的凝固点下降现象常被叫作**凝固点降低**。

目前为止，我们已经掌握了很多关于物质的知识。通过仔细观察各种日常生活中的常见现象，我们发现了物态的变化；通过仔细思考物态变化的过程，我们可以推测物态变化的原因并预测其结果。现在，除了纯净物，我们还了解了溶液等具有实用性的物质以及这些物质具有的特性。理解并正确利用物质的特性，是我们从科学角度去认识物质的目的。

通过前文对物质的介绍，我们是不是觉得，生活中随处可见的物质，其实都在默默地发挥着重要的作用呢？

6

化学反应的魅力

　　让我们来整理一下目前为止已经掌握的信息吧。除了元素的种类和物质内部原子的排列会决定物质的各种特性之外，温度、压力、浓度等各种因素还可以影响甚至决定物质的形态。也就是说，有很多因素都会对构成物质的原子或分子产生影响。那么，我们应该继续去探索究竟有多少分子或原子受到了这些因素的影响。但是，该如何计算这些分子或原子的数量呢？毕竟，原子和分子太小了，它们是数不清的粒子，我们很难像数铅笔或苹果一样简单地确认它们的个数并表示出来。为了解决这一问题，我们将一起学习如何计算原子或分子的个数。

阿伏伽德罗常量

我们可以猜测一下，体重为70公斤的人是由多少原子组成的呢？这一数字可能会让我们大吃一惊！体重为70公斤的人最少也得由 6 710 000 000 000 000 000 000 000 个原子组成！（足足有25个0！）那么，我们是如何计算出这一惊人数字的呢？在这里，我们不得不再次提到物质的量的单位——摩尔。因为当我们用构成人体物质的摩尔数乘以阿伏伽德罗常量，便能算出构成人体的原子数了。

除了现在提到的阿伏伽德罗常量，在下文中，我们还会再次遇到阿伏伽德罗（Avogadro）这个名字。他是一位意大利科学家，在化学史上有一个非常重要的发现——阿伏伽德罗定律。该定律的内容是，在同温同压的条件下，相同体积的任何气体含有相同的分子数。在0℃、1个标准大气压的条件下，22.4升的气体中含有的分子数共6.02×10^{23}个，即1摩尔。实际上测定阿伏伽德罗常量的是奥地利科学家洛施密特（Loschmidt），但为了纪念阿伏伽德罗的这一重大发现，我们才以阿伏伽德罗的名字命名这一常量。

简单来说，阿伏伽德罗常量就是指1摩尔物质含有的粒子个数。这里的粒子既可以指原子，也可以指离子、分子。而且，1摩尔碳原子的质量为12克。也许我们会感到困惑，这和碳原子有什么关系呢？

如果我们想要建立一个单位，那就一定需要某种标准。此时，选择碳作为标准无疑是最合适的。因为碳不仅存在于动植物中，也广泛存在于地壳中，而且碳还是物质燃烧后的残留灰烬中的主要成分。碳是化学性质稳定的、容易分析的对象。根据计算，当碳原子质量为精准的12克时，碳原子个数是6.02×10^{23}个，所以我们将这一数字确定为1摩尔。就像我们把12支铅笔捆在一起用"1打"来表示一样，我们现在也只是把6.02×10^{23}个原子"捆"在一起，用"1摩尔"来表示。

实际上，我们可以从更简单的角度来理解阿伏伽德罗常量。顾名思义，阿伏伽德罗常量是一个数值，它的出现是为了更加简便地表示数量庞大的粒子数。阿伏伽德罗常量引入了摩尔这一单位，是世界上第一个表示原子个数的方法。在阿伏伽德罗常量出现后，不仅是原子，我们在计算离子、分子等任何粒子的个数时都会使用这一数值。而且，因为阿伏伽德罗常量本身就是为了方便表达数量而建立的单位，所以在任何条件下这一数值都不会变化。

这一部分的内容有些复杂，所以我们再来明确一下。1摩尔物质含有的粒子个数等于阿伏伽德罗常量，即 6.02×10^{23} 个，而1摩尔这一概念源于12克碳含有的碳原子数量。

那我们知道1摩尔硫含多少个硫原子吗？对，6.02×10^{23} 个。那1摩尔硫有多少克呢？因为硫原子的质量比碳原子大，所以1摩尔硫的质量也比1摩尔碳的质量大，为32克。同理，1摩尔水含 6.02×10^{23} 个水分子，质量为18克。

化学方程式

那么，我们为什么要计算和整理分子或原子的个数呢？虽然我们也会好奇物质内含有多少分子或原子，但对于这个问题好像也不是非要知道不可。接下来，我们将解答这一疑问。

目前为止，我们已经了解到了一些物质的相关信息，比如，每种物质会以何种状态存在，具有何种特性。但这些信息仅仅是表面的。就像优秀的厨师会在烹饪时加入多种材料制作出美味的菜肴一样，物质和物质相遇，也可能会生成新物质、产生新特性，我们把这种变化叫作**化学反应**。一听到化学反应，大多数人会联想到实验室吧？而且，我们应该会觉得化学反应很难理解吧？实际上，我们可以模仿数学公式来描述化学反应，这种公式被命名为**化学方程式**（也称化学反应式或化学反应方程式）。通过了解化学方程式，我们会发现化学反应要比想象中的简单很多。

首先，我们来了解一个较为简单但目前还不够完整的"化学方程式"。我们从水的化学式H_2O可以看出，形成1个水分子需要2个氢原子和1个氧原子。所以，这个"化学方程式"为

$$2H + O = H_2O$$

如果把上述式子中的元素符号想成未知数的话，那么我们只要数一数原子个数，应该很容易就能完成化学方程式吧？事实上，法国科学家盖-吕萨克（Gay-Lussac）就曾经利用氢气和氧气的反应实验研究过类似的定律。

盖-吕萨克曾使用2升氢气来制造水蒸气。当时，他测量了所需氧气的体积，得到的结果是1升。而且他还发现，2升氢气与1升氧气制造出的水蒸气的体积与氢气气体相同，都是2升。后来，当他使用3升氢气进行试验时，他发现3升氢气与1.5升氧气发生反应，最终获得了3升水蒸气。通过几次反复实验，他确定化学反应的过程并不需要用复杂的公式来表达。他还意识到，化学反应是按一定比例进行的，继而发表了名为**气体化合体积定律**的研究结果。

这一定律看上去非常简单，本来不应该存在什么大问题，但是盖-吕萨克在解释这一定律时却遇到了困难。因为，当时的人们还没有分子的概念。他假设1升气体是一种气体原子，当2个氢原子和1个氧原子相遇生成2个复杂的"水蒸气原子"时，氧原子只能分成两半进入"水蒸气原子"中。这违背了道尔顿提出的"原子是不可分割的"基本思想。盖-吕萨克最终没能进一步验证这一点，此后，阿伏伽德罗提出了新的假设。他提出"在温度和压力相同时，体积相同的气体含有相同数量的粒子，而这与气体的种类无关"。与盖-吕萨克不同，阿伏伽德罗在解释这一点时表示，气体不是由一个原子

独立构成并存在的，而是以多个原子连接在一起的形态存在的。他也因此成了第一个提出分子概念的人。虽然这是阿伏伽德罗为了避免分裂原子而想出的应急之策，但后来这一假设得到了证实，进而发展成了阿伏伽德罗定律。

在前文中，我们曾写过一个简单的"化学方程式"。那么，如果我们将已经掌握的知识一点一点拼凑起来，就可以将方程式改写如下：

$$2H_2 + O_2 \Longrightarrow 2H_2O$$

现在，氢和氧结合产生新物质的化学方程式几乎完成了。不过，因为现在我们模仿的是数学等式，所以才会使用表示左右两边相同的等号（＝）。但是，我们本意是要表现物质和物质相遇后产生新物质的过程，如果使用等号的话，是不是就意味着"2个氢（气）分子和1个氧（气）分子合起来与2个水（蒸气）分子相同"的意思呢？从"物质会根据原子排列发生变化"的概念来看，我们无法认同等式左右两侧"相同"，因为这是存在逻辑矛盾的。所以，我们有时在化学方程式中不使用

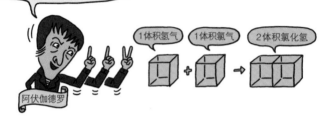

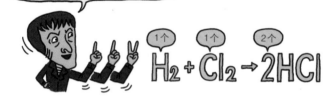

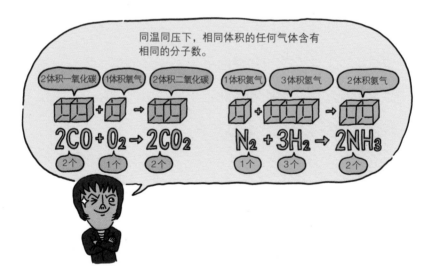

等号，而是使用箭头来表示化学反应。

$$2H_2 + O_2 \rightleftharpoons 2H_2O$$

现在，我们很快就要接近化学方程式的最终形态了。

〓 可逆反应与不可逆反应 〓

仔细观察一下前面提到的化学方程式，我们不禁困惑，箭头为什么会指向左右两个方向呢？它为什么不是指向单个方向呢？这是因为，化学反应并不一定是只能向一个方向进行的"单行道"，还有可能像我们之前了解到的物态变化一样，会根据情况实现"双向通行"。接下来，我们就分别看一下这两种情况对应的例子。

首先，我们来了解一下单向进行的化学反应。比如，燃烧汽油或木头等燃料都能散发出热量和光。我们燃烧汽油是为了使汽车能够正常行驶，在寒冷的冬天我们会点燃篝火，享受篝火的温暖。而这两种化学反应都是不可能双向发生的。因为燃烧后剩下的灰和残渣不会再次变成汽油或木头等燃料。我们经常用作内燃机燃料的丙烷（C_3H_8）在燃烧时的化学反应，也属于这种情况。其化学方程式如下：

$$C_3H_8 + 5O_2 \longrightarrow 3CO_2 + 4H_2O$$

从上述方程式中我们可以看出，丙烷分子是由3个碳（C）原子和8个氢（H）原子组合而成的物质，丙烷燃烧会发光和发热，在此过程中，3个二氧化碳（CO_2）分子和4个水蒸气（H_2O）分子将作为生成物。而空气中存在的二氧化碳和水蒸气是不会变成燃料的。所以，对于这种情况，我们使用单向箭头表示化学反应是单向进行、不可逆转的，即**不可逆反应**。

与此相对，可以逆转的反应就是**可逆反应**。比如，二氧化碳溶于水会生成碳酸（H_2CO_3），但碳酸是一种不稳定、易分解的物质，碳酸分解又会生成二氧化碳和水。有时，为了让看到化学方程式的人得到完整的信息，我们就需要添加有关物质状态的信息。所以，为了表现物质的气体（gas）、液体（liquid）、固体（solid）

形态，我们取各物质形态的英语单词首字母，即 g、l、s 来代表不同的形态。如此，用化学方程式表现物质的相变就会变得像下面一样简单。

$$CO_2(g) + H_2O(l) \rightleftharpoons H_2CO_3(l)$$

怎么样？很简单吧？最后，让我们来完善一下氢和氧发生反应产生水蒸气的化学方程式吧。

$$2H_2(g) + O_2(g) \rightleftharpoons 2H_2O(g)$$

很好，化学方程式已经完成了！我们成功地表示了气体和气体相遇后，产生新的气态物质的代表性反应。这一方程式看似简单，其实包含了很多内容。为了创造并理解这些方程式，科学家们从很久以前就开始进行了无数的实验和研究。在数学领域，许多数学公式各自展现着自己的法则和魅力。实际上，化学方程式也像数学公式一样充满着魅力。只不过，这种魅力还需要我们一点点去发掘。

接下来，我们将进一步了解这些充满魅力的化学反应。毕竟，化学反应不仅能让有限的元素变为多样的物质，还能拓展物质的种类，让物质变得更为丰富。

7

化学反应的作用

众所周知，能够对物质产生影响的方式大致有两种，即物理反应和化学反应。顾名思义，物理反应就是物质的状态或存在的形式发生了改变，但物质本身的性质没有变化，在这个过程中没有生成新物质。化学反应比物理反应更有趣，因为它会呈现出多种结果。当我们用积木拼搭东西时，可以通过添加新的积木、更换其他积木或取出部分积木的方式实现变化。实际上，这与物质和物质相遇后发生的化学反应很相似。在本章中，我们将从分子层面仔细观察物质发生化学反应的过程以及物质经历化学反应后发生的变化。

〉〉 分子的种类＝原子的组合？ 〈〈

　　下面，我们将再次以水作为代表性物质进行探索。通过水分子的化学式 H_2O，我们知道水分子是由 2 个氢原子和 1 个氧原子组成的。水分子的结构是什么样的呢？在形成水分子时，原子们相互结合，最终形成了氧原子向两侧"伸手"，牵着两个氢原子的形态。那么，所有由 3 个原子组成的分子都是这样排列的吗？当然不是，因为这 3 个原子相互连接和排列的方法不止一种。它们可以站成一排，也可以"手牵手"形成圆环。也就是说，原子排列和结合方式是决定物质种类的最重要的因素。

　　关于原子的排列方式决定物质种类的情况，碳原子是最具代表性的例子之一。如果它们以平面的方式排列，那么它们就会形成黝黑、柔软、容易折断的物质——石墨。但如果碳原子不是以平面而是以立体的方式排列，那么就会形成世界上最坚硬、最闪耀的物质——钻石。石墨与钻石都是由碳原子组成的物质，没有掺杂其他原子。只是因为原子的排列方式不同，石墨与钻石就产生了如此大的差异。

所以，即使是同一种原子，如果排列方式不同，那么其组成的物质也会截然不同。从这个角度来看，物质是不是变得更加难以捉摸了？这会不会对我们利用物质造成影响呢？不一定。因为我们知道，物质会随着温度和压力的改变发生变化，原子的排列方式也可以通过温度或压力来调整。当然，这时对温度和压力的要求会更高。举个最具代表性的例子，钻石是碳在地球深处受到高温和高压的作用形成的，也就是说，我们对碳原子施加高强度的压力，就能制造出钻石。

上文提到的情况并不局限于石墨或钻石。改变碳原子的排列方式，我们还可以制造各种各样的物质，这些物质各自的特性可以让我们的生活变得更加舒适。比如，碳原子以球状排列可以生成富勒烯，人们利用这一物质进行太阳能发电，从而缓解环境污染问题。如果将石墨侧面剥离出薄薄的一层，那么我们会得到一种名为石墨烯的物质。石墨烯是未来制造超快电子器件的重要材料。如果将以六边形排列的碳原子连接成管状结构，那么我们就能得到碳纳米管这一具有高强度的物质。碳

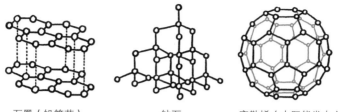

石墨（铅笔芯）　　　　　钻石　　　　　富勒烯（太阳能发电）

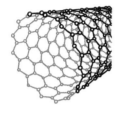
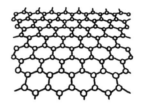

碳纳米管（防弹衣、鱼竿、　　　石墨烯（制造超快电子器件）
太空电梯的关键材料）

纳米管不仅能应用于防弹衣和鱼竿，而且当我们设想在未来能够发明出连接地面和宇宙空间站或连接多个宇宙空间站的太空电梯时，碳纳米管也是可利用的材料。我们仅通过调整碳原子的排列方式就制造出了各种各样的物质，这些物质都具有独特的性质。所以我们说，学习和利用物质是非常有意义的事情。

　　如果我们不改变原子的排列顺序，而是在每个分子中取出一两个原子，物质也会发生变化吗？答案是肯定的。1个水分子是2个氢原子和1个氧原子结合而成的，中间的氧原子和两侧的氢原子手牵着手。那么，如果我们添加或取出一个氢原子会产生什么影响呢？在宏观世界，我们咬一口苹果，苹果的种类也不会发生变化。然而，在分子世界中，这种微小的差异却会带来巨大的变化。当我们从水分子中取出1个氢原子，水分子会变成名为氢氧根离子（OH^-）的物质。电离时所生成的负离子全部是氢氧根离子的物质在化学领域通常被称为"碱"。最具代表性的碱是氢氧化钠（$NaOH$），它具有溶解蛋白质的特性，因此常用于制造厨房洗涤剂或香皂等用品。当然，它也能溶解我们体内的蛋白质，所以对我们来说氢氧化钠有很大的危险性。相反，如果在水分子中再加入1个氢原子，那么水分子就会变成水合氢离子（H_3O^+），这种物质连金属也能溶解，是具有高活性的危险物质。盐酸或硫酸等也都是因为具有该物质，所以才拥有类似的特性。

　　水是我们生活中不可或缺的物质，如果缺水，我们的生命就会面临危险。但是，仅在水分子中添加或取出1个氢原子，水就会成为非常危险的物质。原子的排列是不是很神奇呢？

化学反应与原子排列

通过上文可知，原子的排列可以决定物质的种类。改变原子的种类或排列顺序，我们就能制造出新的物质。

实际上，只要物质和物质之间发生了化学反应，就会生成新的物质。也就是说，只要发生了化学反应，原子的排列就会发生变化。

我们在书写数学公式时会用等号表示两边相同。而在表示化学反应的化学反应方程式中，我们会使用与等号含义相似的箭头（→或⇌）。箭头左边的物质被称作**反应物**，箭头右边的物质是通过化学反应生成的新物质，因此被称为**生成物**。反应物所具有的原子种类及个数，应与生成物的原子种类及个数完全相同。

而这一部分内容，与前面简要了解过的道尔顿"原子论"第3、4命题密切相关。让我们回顾一下相关内容：

....

3. 原子在化学反应中只改变排列顺序，不会再生
   或消失，不会转变为其他种类的原子。

4. 原子在形成新的物质时，总是以一定比例结合的。

我们能在道尔顿"原子论"第3命题中提炼出的核心内容是，原子"不会再生或消失，不会转变为其他种类的原子。"

那么，如果在反应过程中出现了与道尔顿"原子论"相违背的情况（生成了新原子或失去原来的原子，甚至是转变为了完全不同的原子），会导致怎样的变化呢？在第1章中，我们提到了宇宙和物质的产生，接触了爱因斯坦的质能方程（$E=mc^2$）。所以，如果在化学反应中出现了原子种类增加或减少的情况，那就意味着有巨大的能量介入了这一过程。这时候物质发生的是核聚变或核裂变反应。这已经不属于化学反应的范畴了。

那么，道尔顿"原子论"的第4命题"原子在形成新的物质时，总是以一定比例结合的"，又意味着什么呢？我们可以从水的化学式 H_2O 开始研究。在形成水分

子的过程中，不管我们注入多少氢与氧，最终通过化学反应产生的水分子也只能由2个氢原子和1个氧原子组成。由此可知，原子在构成物质时，总是按一定比例结合的。这一定律被称为**定比定律**。

比如说，单个二氧化碳分子是由1个碳原子和2个氧原子组成的。无论是自然界存在的二氧化碳，还是我们人工制备的二氧化碳，它的组成方式（碳原子数与氧原子数之比）总是确定的。所以，原子的结合比例也是决定物质种类的关键因素。

化学反应与反应速率

世界上有无数的物质，无数的物质之间会产生无数的化学反应。这些反应有的可以被我们观察到，有的却很难被我们发现。这是因为化学反应具有不同的反应速率。有些化学反应是快速进行的，有些是缓慢发生的。就像踩刹车或者油门会让汽车的速度发生变化一样，我们也可以通过一些操作来调节化学反应的速率，使其更加快速或缓慢地发生。下面，我们来了解一些在生活中能够观察到的慢反应和快反应吧。

- 被雨淋湿的自行车生锈了（慢反应）
- 夏季常温下保存的食物会腐烂（慢反应）
- 纸燃烧（快反应）
- 天上烟花绽放（快反应）

以第一条为例，铁生锈的过程属于慢反应之一。我们可以用化学方程式来表示这一过程。

$$4Fe + 3O_2 + 3H_2O \Longrightarrow 2Fe_2O_3 \cdot 3H_2O$$

尽管这一方程式看起来有些复杂，但为了重温化学方程式，我们还是一步一步地分析一下吧。等号左侧是反应物部分。Fe是铁元素的符号，这里的铁是固体形态。铁生锈反应需要空气中的氧气和水参与。当这三种物质相遇时，它们会缓慢地发生化学反应，经过很长一段时间后，三种物质中的一部分原子会聚集在一起重新排列，从而生成全新的物质。这时，我们通过观察生成物可以知道，与水分子粘连的氧化铁（Fe_2O_3）处于固体状态，即我们在铁生锈时看到的红色粉末。这一反应是单向反应，铁一旦生锈，是无法重新变得坚硬有光泽的。那么，各分子前面的数字又是如何确定的呢？前文提到，等号两侧的原子个数相同，所以反应物和生成物中原子的种类和个数也是相同的。由此，我们便可以确定各物质前面的数字了。

不过，研究化学反应的速率又有什么意义呢？如果我们是想要通过化学反应制造所需的物质的话，我们就很难花费大量的时间等待反应的进行了。就像我们身体不舒服需要喝药时，如果药粉的溶化速度太慢，需要我们等待几个小时的话，难免会觉得焦急。有些化学反应进行得太快，我们会来不及调整；有些化学反应又发生得过于缓慢，我们又会无法得知这一反应何时结束。所以为了避免这两种情况的出现，我们有必要适当调整化学反应的速率。

在这个世界上，化学反应的数量比物质的种类还要多。可以说，人类广泛利用化学反应制造出了我们所需要的物质，创造并延续了文明。所以，了解化学反应并掌握物质发生化学反应的过程是很重要的。如果我们在看到周围不经意间出现的各种现象时，能够联想到这些现象背后发生的物理或者化学反应的话，世界一定会变得更加有趣吧？

8

热爱无秩序的物质

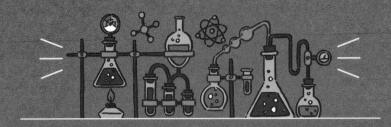

　　前文提到，温度对于物质发生物理变化和化学反应的速率起着重要的作用。而且温度可以说与热量有着千丝万缕的联系。那么，在发生化学反应时，热量是如何传递的呢？

　　为了了解物质，我们从小小的原子开始探索，一路来到了这里。现在，我们要更进一步，飞出地球所在的太阳系，来到无边无际的宇宙。我们将从多个角度观察热量的传递对化学反应造成的影响，以及物质是如何通过化学反应自由移动的。

⊰ 放热反应与吸热反应 ⊱

众所周知，温度差大的物体之间传递的热量就多，温度差小的物体之间传递的热量就少，热量会从温度高的地方流向温度低的地方，最终使相互接触的两种物质达到相同的温度。比如，当我们用冰凉的手握住温暖的手，也许一开始会感觉到明显的温度差，但过了一会儿，我们就不会再感受到冷热差异了。

那么，在意味着产生新物质的化学反应中，热量也会朝着某一方向移动并发挥作用吗？为了回答这一问题，我们需要先明确一下我们关注的对象。假设我们面前有一个桶，桶中有正在燃烧的木头，即桶中的木头正在发生燃烧的化学反应。那么，我们来关注一下正在发生化学反应的场所——桶。我们将桶中的木头和正在发生的燃烧等研究对象叫作**体系**（System）。为了方便理解，我们可以将体系理解为发生某种事件的区域内的东西和现象等。那么，桶外又是什么呢？虽然桶外没有发生化学反应，但是因为体系发生了变化，所以体系外也可能会受到一定影响。因此，我们将与体系相互影响的其他部分称为**环境**（Surrounding）。

接下来，我们来了解一下体系和环境会对化学反应产生的影响吧。

我们都知道，物质燃烧时会发出光和热。如果我们有坐在篝火前的经历，就知道光和热会移动（传递）到体系外，即围着篝火坐着观察的我们所在的环境中。像这样，热量从高能量体系释放到低能量体系的化学反应被称为**放热反应**。那么，处在环境中的我们明明是感受并接受热量的，为什么这一现象却被称为放热反应呢？放热不是代表放出热量吗？这是因为，在化学反应中最需要关注的是体系，即化学反应的研究对象。而从体系的角度来看，这正是散发热量的放热反应。

理解了放热反应，我们可以再从相反的角度来思考。如果一个化学反应需要持续加热才能进行，这种情况下，环境中的热量不断影响体系。从体系的角度来看，这是吸收热量的过程，因此这一过程被称为**吸热反应**。

虽然我们在了解放热和吸热时，选取的是物质燃烧或给低温物质加热等的例子。但事实上，所有化学反应都具有放热或吸热的特征，只不过反应种类不同，吸热或放热的程度也会有所不同。

热传递与反应速度

了解了放热与吸热，我们不禁要问，为什么在化学反应过程中会发生放热或吸热等热传递现象呢？因为在化学反应过程中，原子的排列会改变。首先，打破原子原有的排列需要吸收热量，而在形成新的排列方式后热量会再次散失，但吸收与散失的热量并不对等。为了理解这一点，我们可以再次研究一下氢气和氧气制造水蒸气的化学方程式。

$$2H_2(g) + O_2(g) == 2H_2O(g)$$

在这一反应中，为了形成1个氧原子和2个氢原子结合的水蒸气分子结构，首先要分别切断反应物中氢原子与氢原子、氧原子与氧原子之间的连接。而要想降低原子原有排列的稳定性，就需要吸收热量。此时，从外部吸收的热能便有了用处。前文提到，物质和能量不会无缘无故地从世界上消失。所以，我们把热能看作氢原子和氧原子制造其他某种物质时需要的燃料就可以了。而当氢原子和氧原子重新聚集在一起，形成水蒸气这一新的排列方式后，大量没有用到的热能会再次散失到环境中。仅从化学方程式来看，似乎只要将这些物质混合在一起，它们就会自然而然地发生反应。但实际上，在化学方程式没有表现出来的地方，热能在积极地发挥着作用。

所以，如果知道各个化学反应在吸热和放热方面具有怎样的特性，我们就可以更好地通过提高或降低温度来调节化学反应的速率了。

〉〉 自由度与无序度 〈〈

虽然吸热和放热为我们预测和调节化学反应提供了非常有用的信息，但吸热与放热的发生总是相对的。因为即使是同样的反应，在炎热的赤道地区和寒冷的北极地区产生的结果也会有所不同。因此，我们不能凭借吸热与放热的情况就断言"这个反应一定是向这个方向进行的"。那么，除了吸热与放热，还有没有更本质、更绝对的标准或线索呢？

我们对物质的了解可以追溯到宇宙的诞生。因此，如果能够找到在宇宙中也能不受时间限制、一直成立的法则，我们应该就能更好地了解物质。虽然听起来有些困难，但我们可以先从**自由度**和**无序度**这两个词入手寻找答案。

自由度是什么呢？顾名思义，自由度表示原子或分子能够自由移动的程度。我们是不是觉得自由度听起来有一种很自由、很积极的感觉呢？与自由度相对，无序度听起来就是乱七八糟又很复杂的样子吧。但有意思的是，自由度与无序度的含义其实是一样的。因为从外界来看，原子或分子是各自自由地游走还是无序地游走并无多大区别，都是处于随机移动的状态。实际上，在我们所处的宇宙中，所有的物质都在向无秩序的状态演变着。

假设我们面前有一个透明的桶，桶的下层装着红色的珠子，上层装着蓝色的珠子。此时，桶里的珠子是经过整理的、比较有秩序的状态。然后，我们抬起这个桶用力上下摇晃，桶里的珠子会发生什么变化呢？在桶内，两种颜色的珠子混在一起，变成了杂乱无章的状态。随着我们的摇晃，桶里的珠子会越来越杂乱，最终

变成毫无秩序的排列方式。实际上，像珠子混在一起一样，物质向无秩序的方向变化的现象是很自然的。当然，如果我们摇动数百万、数千万、数亿次的话，可能会非常偶然地出现珠子像刚开始一样，按颜色分层的情况。但这只是偶然发生的、概率极低的事件，并不能代表物质自然变化的方向。所以说，在我们生活的宇宙中，所有的反应都在向更加自由的、无秩序的方向发生。化学反应也不例外。

我们之前曾提到过物质有固态、液态、气态等形态，这些形态也是根据分子的自由度决定的。所以，如果不通过低温或高压等条件抑制分子的移动，物质就会通过汽化或升华等现象，向更自由的状态转变。而且，各种化学反应也会从有序向着无序的方向发展。自然法则真是神奇啊！

结语 从物质走近科学

可以说，世界上所有的东西都是物质。物质可以有气态、液态、固态等多种形态，这些形态不同的物质占据了世界的各个角落。如果没有物质，我们将无法感知到任何东西。换句话说，物质是我们认识世界的基础。我们在前文提到过物质产生和发展的契机，即很久以前发生过的、以后也很难再次发生的大事件——"宇宙大爆炸"。在"宇宙大爆炸"发生时，基本粒子形成，后来这些粒子进一步形成了原子和分子，最终形成了物质，而这些物质又通过各种化学反应形成了无数新的物质。

在本次旅程中，我们将物质一分再分，从非常精细的角度了解了物质。希望本书能够成为连接我们与看似遥远的科学之间的媒介，让我们和科学紧密地联系在一起。

科学绝对不是难如登天的事，更不是我们可以置之不理的事。当我们不再认为周围发生的一切是理所当然，而是以好奇和探索的态度去对待时，我们就已经推开了科学的大门。我们要知道，并不是只有科学家才有资格研究科学。如果说，科学的大门后隐藏着能够改变世界、创造未来的学问的话，那么任何人都拥有打开科学大门的钥匙。只要迈进科学的大门，我们就能轻而易举地拥抱这个有趣的世界。